AF343973

BIBLIOTHÈQUE

Economique.

TOME XXXIII.

IMPRIMERIE DE CASIMIR,
rue de la Vieille-Monnaie, n° 12.

ASTRONOMIE.

L'instruction est l'amie de tous.

DEUXIÈME PARTIE.

PARIS,

CHEZ DAUTHEREAU,

A LA LIBRAIRIE AU RABAIS,

Grande cour du Palais - Royal, côté du Théâtre-
Français, n° 21 bis.

1826.

ASTRONOMIE.

Des Comètes.

Les astres dont nous avons parlé ne sont pas les seuls qui fassent partie de notre système. Il en est d'autres qu'on n'observe que par intervalle, et que, par cette raison, sans doute, quelques anciens philosophes ont regardé comme des amas de vapeurs nouvellement formés et d'une existence passagère. Les *comètes* furent long - temps et sont même encore aujourd'hui, dans plusieurs contrées, un objet d'effroi pour le vulgaire. Cependant une étude approfondie des phénomènes célestes, en dissipant parmi nous ces ridicules préjugés, nous a prouvé qu'on doit regarder ces astres comme des corps durables de la même nature que les planètes.

C'est le mouvement des comètes qui les distingue des étoiles nouvelles ; car dans celles-ci l'on n'a jamais remarqué de mouvement propre ; d'ailleurs la lumière des comètes est toujours faible et douce ; c'est une lumière du soleil qu'elles réfléchissent vers nous, aussi bien que les planètes. Cela est prouvé spécialement par une phase observée dans la comète de 1744, dont la partie n'était visible qu'à moitié.

On distingue principalement les comètes par ces traînées de lumière dont elles sont souvent entourées et suivies, qu'on appelle tantôt la *chevelure*, tantôt la *queue* de la comète. Cependant il y a eu des comètes sans queue, sans barbe, sans chevelure ; la comète de 1585, observée pendant un mois par Ticho, était ronde ; elle n'avait aucun vestige de queue, seulement sa circonférence était moins lumineuse que le noyau, comme si elle n'eût eu à sa circonférence que quelques fibres lumineuses. La comète de 1665 était fort claire, suivant Hévélius, et il n'y avait presque pas de chevelure; enfin la comète de 1682, au rapport de Cassini, était aussi ronde et aussi claire que Jupiter. Ainsi l'on ne doit pas regarder les queues de comètes comme leur caractère distinctif.

Il est arrivé quelquefois que l'on a vu en même temps plusieurs comètes. Riccioli en rapporte des exemples; et, le 11 février 1760, on en voyait deux.

Les comètes dont l'apparition a été la plus longue, sont celles qui ont paru pendant six mois; la première, du temps de Néron, l'an 64 de Jésus-Christ; la seconde, vers l'an 603, au temps de Mahomet; la troisième, en 1240, lors de l'irruption du grand Tamerlan; en 1729; enfin, en 1811.

Toutes les comètes paraissent tourner comme les autres astres par l'effet du mouvement diurne; mais elles ont encore un mouvement propre aussi bien que les planètes, par lequel elles répondent successivement à différentes étoiles fixes. Ce mouvement propre se fait tantôt vers l'orient, comme celui des autres planètes, tantôt vers l'occident, quelquefois le long de l'écliptique ou du zodiaque, quelquefois dans un sens tout différent et perpendiculairement à l'écliptique.

Il y a des comètes qui paraissent si peu de temps, que, dans la durée de leur apparition, leur situation ne change pas de beaucoup; d'autres ont un mouvement fort étendu. La comète de 1572 fit en un jour 120 degrés, ayant rétrogradé depuis l'extrémité du signe de la Vierge jusqu'au commencement du signe des Gémeaux. La comète de 1760, entre le 7 et le 8 janvier, changea de 41 degrés et demi en longitude; on pourrait rapporter d'autres exemples d'une très-grande vitesse, observée dans le mouvement apparent des comètes.

Dans tous les temps il a existé des philosophes persuadés que les comètes étaient des planètes dont le mouvement devait être perpétuel et les révolutions constantes; mais on doit surtout à Sénèque ce témoignage, qu'aucun auteur n'a parlé des comètes d'une manière aussi sublime et aussi philosophique.

« On a cru, dit-il, que les comètes n'étaient point des astres, parce qu'elles n'ont point la rondeur des autres corps célestes; mais ce n'est que la lumière qu'elles répandent qui produit cette figure alongée; car le corps de la comète est arrondi.

« Je suppose encore qu'elles aient une autre figure que les planètes; s'en-suit - il qu'elles soient d'une nature différente? La nature n'a pas tout fait sur un modèle unique, et c'est res-serrer son étendue et sa puissance que de vouloir rapporter tout à la forme ordinaire : la diversité de ses ouvrages annonce sa grandeur.

« On ne peut point encore connaître leur cours, et savoir si elles ont des retours réglés, parce que leurs apparitions sont trop rares; mais leur marche, non plus que celles des planètes, n'est point vague et sans ordre, comme celles des météores qui seraient agités par le vent.

« On observe des comètes de formes très-différentes; mais leur nature est semblable, et ce sont en général des astres qu'on n'a pas coutume de voir, et qui sont accompagnés d'une lumière inégale. Les comètes paraissent en tout temps et dans toutes les parties du ciel, mais surtout vers le nord.

« Elles sont comme tous les corps célestes des ouvrages éternels de la nature. La foudre et les étoiles volantes et tous les feux de l'atmosphère sont passagers, et ne paraissent que dans leur chute. Les comètes ont leur route qu'elles parcourent; elles s'éloignent, mais ne cessent point d'exister.

« Vous prétendez que, si c'étaient

des planètes, elles se trouveraient dans le zodiaque. Eh! qui donc a fixé dans le zodiaque les mouvemens des corps célestes? Qui peut assigner ainsi des limites aux ouvrages divins? Le ciel n'est-il pas libre de tous côtés? N'est-il pas plus convenable à la grandeur de l'univers, d'y admettre plusieurs mouvemens dans des routes différentes, que de réduire tout à une seule région du ciel?

« Dans cet ouvrage magnifique de la nature, nous voyons briller une multitude d'étoiles qui embellissent la nuit. Elles nous apprennent que le ciel, de toutes parts, est rempli de corps célestes. Pourquoi faut-il qu'il n'y en ait que cinq à qui il soit donné de se mouvoir, et pourquoi les autres astres doivent-ils être immobiles?

« On me demandera, peut-être, pourquoi donc n'en existe-t-il que cinq dont on ait observé le cours? Je répondrai qu'il y a beaucoup de choses dont nous connaissons l'existence, sans savoir de quelle manière elles sont. Nous avons un esprit qui agit et nous dirige, nous ne savons ni ce que c'est ni comment il agit.

« Ne nous étonnons pas qu'on ignore encore la loi du mouvement des comètes, dont le spectacle est si rare, qu'on ne connaît ni le commencement ni la fin de ces astres qui descendent d'une énorme distance. Il n'y a pas encore quinze cents ans que la Grèce a compté les étoiles et leur a donné des noms. Il y a encore bien des nations qui n'ont que la simple vue et le spectacle du ciel, sans savoir seulement pourquoi ils voient la lune s'éclipser. Il n'y a pas bien long-temps que nous le savons d'une manière certaine; le jour viendra que, par une étude de plusieurs siècles, les choses qui sont cachées actuellement paraîtront avec évidence.

« Ce serait peu d'un siècle pour connaître tant de choses, quand même on y donnerait tout son temps; et cependant nous partageons le peu de momens de cette vie qui nous sont accordés, en donnant au vice la plus grande partie..... On étudie quand on manque de spectacles, ou quand la pluie empêche les promenades. On conserve ou on retient le nom des comédiens, mais on oublie ceux des philosophes.

« Un jour viendra où la postérité s'étonnera que des choses si claires nous aient échappé..... On démontrera dans quelles régions vont errer les comètes ; pourquoi elles s'éloignent tant des autres astres ; quel est leur nombre et leur grandeur. Ceux qui nous suivront trouveront des vérités nouvelles : contentons-nous de celles qu'on a déjà découvertes. »

Malgré des idées aussi lumineuses, on a vu des hommes célèbres regarder les comètes comme des corps nouvellement formés, et d'une existence passagère. Ce fut surtout le sentiment qui domina dans les écoles pendant les siècles d'ignorance ; aussi les astronomes s'occupèrent-ils très-peu à déterminer leurs mouvemens.

Ce fut la découverte de l'attraction qui ouvrit, pour ainsi dire, aux philosophes un nouveau ciel. Newton, en voyant les autres planètes soumises à la force centrale du soleil, pensa que les comètes devaient être du nombre des planètes, et suivre les mêmes lois dans leur mouvement autour du soleil : il fallait pour cela que leurs orbites fussent fort excentriques, c'est-à-dire très-alongées, afin d'expliquer une très-longue disparition.

Pour voir si cela s'accorderait avec les observations, Newton examina l'orbite de la comète de 1680 ; il trouva qu'une portion d'ellipse très-alongée, ou, ce qui revient au même, une portion de parabole, convenait parfaitement avec toutes les observations ; dès-lors il ne douta plus que les comètes ne fussent des planètes soumises, comme celles-ci, aux lois de Keppler.

Halley, partant de cette donnée, calcula toutes les comètes qui avaient été observées jusqu'alors avec quelque exactitude, et réussit à en déterminer l'orbite. Il trouva que celles de 1531, de 1607 et de 1682, offraient assez de ressemblance pour qu'on pût soupçonner que c'était une seule et même comète, achevant sa révolution dans une période de soixante - quinze ans environ. Halley était trop âgé pour vérifier ce fait par lui-même, mais il avertit les astronomes, et l'on attendit le retour de cette comète.

Clairaut voulut vérifier, par la théorie, l'époque où elle reparaîtrait, si en effet elle devait revenir; et il trouva que l'attraction des deux planètes Jupiter et Saturne retarderait de six cents et quelques jours le retour de la comète : il conjectura qu'elle passerait à son périhélie le 13 avril 1759.

Il avoua que, dans la multiplicité de ces grands calculs, il avait négligé de petites quantités qui pourraient donner un mois de différence entre l'époque qu'il annonçait, d'après la théorie des calculs, et le passage réel qu'on observait.

Ce qu'il avait prévu arriva. La comète reparut à la fin de décembre 1758, et fut à son périhélie le 13 mars 1759, un mois avant le temps indiqué par son calcul.

Du temps de Newton et du temps de Halley, la géométrie n'était pas assez avancée pour faire des calculs aussi hardis, aussi compliqués, et pour trouver des résultats aussi justes ; mais Clairaut, d'Alembert, Euler, lui faisaient faire alors des progrès surprenans ; et, depuis, Lagrange et La Place ont porté cette science à une élévation ou à une profondeur telle que rien ne peut lui échapper aujourd'hui.

Clairaut ne soupçonnait point alors l'existence de la planète découverte, plus de vingt ans après, par Herschell. Elle est fort grosse, et son attraction peut aussi influer sur le retour des comètes.

L'orbite de cette comète a été calculée de mes jours : elle reparaîtra en 1835.

Il reste encore deux comètes dont on croit connaître la marche : la première est celle de 1680, calculée par le grand Newton, qui lui attribue une révolution de cinq cent soixante-quinze années ; la dernière, dont M. Enke a calculé l'orbite, achève sa révolution en trois ans quatre mois environ. Cette comète, que l'action de Mercure influe fortement, a beaucoup d'analogie avec Cérès, dont elle a l'inclinaison et le grand astre. Sa révolution sidérale est de quarante-six jours moindre que celle de Vesta.

Tel fut donc le progrès de nos connaissances en ce genre : d'anciens philosophes regardèrent les comètes comme des corps célestes et périodiques. Newton en conclut qu'elles pouvaient décrire des ellipses très-excentriques et reparaître à chaque révolution : Halley vérifia cette belle idée en calculant plusieurs comètes, parmi lesquelles il s'en trouva trois qui avaient décrit exactement la même orbite ; ce qui annonçait trois apparitions ; et cela s'est trouvé pleinement confirmé quand cette comète a reparu, en 1759, dans la même orbite et après le même espace de temps.

Dans tous les corps qui tournent autour du soleil, les carrés des temps sont comme les cubes des distances ; ainsi, dès qu'on connaît la période d'une comète, par deux retours observés, on trouve, par une simple proportion, le grand axe de son orbite, et l'on calcule son lieu vrai de la même manière que celui des autres planètes.

On avait reconnu, long-temps avant Ticho, que le mouvement apparent des comètes, observé pendant la durée de leur apparition, n'était pas uniforme ; cependant Ticho n'était pas assez frappé de ces inégalités pour y

connaître l'effet de la parallaxe annuelle et du mouvement de la terre;
mais Keppler l'y reconnut très-bien,
et, dans son *Traité des Comètes*, il
dit qu'ayant supposé le mouvement
de celle de 1618 dans une ligne droite,
avec une diminution uniforme, on
reconnaissait l'effet du mouvement de
la terre, soit sur la longitude, soit sur
la latitude de la comète, et que le
mouvement, qui parut tortueux, ne
pouvait le paraître qu'à raison de celui de la terre; il termine même son
premier livre en disant : « Autant il y
« a de comètes dans le ciel, autant il
« y a de preuves du mouvement de la
« terre autour du soleil, indépendam-
« ment de celui qu'on tire du mouve-
« ment des planètes. »

La comète de 1729, que Cassini ob-
serva pendant plusieurs mois, après
avoir fait plus de 15 degrés vers l'occident, depuis la tête du Petit Cheval
jusque sur la constellation de l'Aigle,
se courba subitement pour retourner

vers l'orient ; ce qui montrait d'une manière frappante l'effet de la parallaxe annuelle. Il pourrait arriver des cas où cet effet serait bien plus grand. Si une comète rétrograde, dont la distance à la terre serait égale à la distance moyenne de la lune, se trouvait périhélie et en opposition, elle aurait 140 degrés de mouvement par heure ; on pourrait voir cette comète aller depuis l'horizon jusqu'au zénith en moins de trois quarts d'heure, et employer ensuite plus de quatre heures à gagner l'horizon occidental, ou d'autres singularités de même espèce. Ces inégalités sont purement apparentes.

Parmi les comètes que nous connaissons, il y en a plusieurs qui peuvent assez approcher de la terre pour y produire des effets sensibles ; et, parmi le grand nombre de celles que nous ne connaissons pas, il pourrait y en avoir qui fussent également capables d'y causer des révolutions prodigieuses. Une comète de la grosseur de la terre, qui serait seulement à treize mille deux cent quatre - vingt-dix lieues de nous, aurait la force nécessaire pour produire une marée ou une élévation de deux mille toises dans les eaux de la mer; si elle y était assez long-temps, elle pourrait y submerger les quatre parties du monde.

Du Séjour entreprit, par une analyse rigoureuse, l'examen de ce danger; en voici le résultat. Pour qu'une comète puisse rencontrer la terre, il faut deux conditions : 1° que le point où son orbite coupe le plan de l'écliptique soit à une distance du soleil égale à celle de la terre à cet astre ; 2° que la comète et la terre se trouvent précisément dans ce point, et à cette distance égale dans le même instant. Parmi toutes les comètes connues, il n'en est aucune qui coupe exactement l'orbite terrestre à cette distance déterminée; c'est déjà beaucoup. Mais il y en a quelques-unes qui rempliraient cette condition, si on altérait un peu leurs élémens. Il est sûr que ces élémens doivent changer par les lois de la gravitation; cependant du Séjour observe, avec beaucoup de raison, qu'il y a loin de la possibilité, de la nécessité même d'un dérangement quelconque à la certitude que ce dérangement sera tel qu'il convient à la rencontre ou à une proximité nuisible de la comète et de la terre. Il faudrait qu'il suivît une certaine loi donnée, qu'il arrivât dans un certain temps donné, et qu'alors la terre fût à un certain point donné de son orbite. Ces trois circonstances sont nécessaires pour la rencontre d'une comète; la probabilité qu'elles ne se réuniront pas est si forte, qu'on peut assurer hardiment que cette réunion, et par conséquent la rencontre n'aura jamais lieu.

Les anciens ont tiré le nom des comètes de cette lumière inégale dont elles paraissent communément environnées, et ils les ont distinguées par ce moyen en plusieurs espèces. Nous avons dit qu'on a vu quelquefois des comètes sans queue ni chevelure ; mais celles dont les queues ont paru les plus longues sont les suivantes : la comète dont parle Aristote, laquelle, vers l'an 371 avant Jésus-Christ, occupait le tiers de l'hémisphère, ou environ soixante degrés. Celle dont parle Justin, et qui parut à la naissance de Mithridate, cent trente ans avant Jésus-Christ, était si terrible, qu'elle semblait embraser tout le ciel ; elle occupait 45 degrés. Une autre comète, au rapport de Sénèque, couvrait toute la voie lactée, vers l'an 135. La comète de 1456 occupait deux signes ou 60 degrés, et celle de 1460 en occupait environ 5o. La comète de 1618 avait une queue au moins de 70 degrés, suivant Keppler, et même de 104, suivant Longomontanus, le 10 décembre 1618, etc.

La comète de 1744 s'est montrée avec une lumière en éventail, ou une queue divisée en plusieurs branches, qui était très - remarquable, et qui s'étendit, le 19 février, jusqu'à 30 degrés. Dans les pays méridionaux, où l'on jouit d'un ciel pur et serein, les queues de comètes se distinguent mieux et paraissent plus longues : la comète de 1680 avait une queue de 62 degrés à Paris, suivant Cassini, et de 90 à Constantinople ; celle de 1759 parut à Paris presque sans queue ; on avait beaucoup de peine à en distinguer une légère trace d'un ou deux degrés ; tandis qu'à Montpellier la queue avait 25 degrés, et à l'île Bourbon on la vit même beaucoup plus grande. Enfin la queue de la comète de 1769 paraissait d'environ 10 degrés à Paris, de 40 à Marseille, de 70 à Bologne, de 90 sur mer, entre Ténériffe et Cadix ; mais elle était très-faible.

Sénèque savait que les queues des comètes sont transparentes, et qu'on voit les étoiles au travers. Newton fait voir qu'elles sont d'une substance infiniment plus ténue et plus rare qu'on ne saurait l'imaginer.

La queue des comètes, suivant Newton, vient de l'atmosphère propre de chaque comète. Les fumées et ses vapeurs peuvent s'en éloigner, dit-il, ou par l'impulsion des rayons solaires, comme le pensait Keppler, ou plutôt par la raréfaction que la chaleur produit dans ces atmosphères.

Il confirme ce sentiment par la comète de 1680, qui, au mois de décembre, après avoir passé fort près du soleil, répandait une lumière beaucoup plus longue et plus brillante qu'elle n'avait fait au mois de novembre, avant son périhélie; cette règle est même générale, et lui paraît suffisante pour prouver que la queue des comètes n'est qu'une vapeur très-légère, élevée du noyau de la comète par la force de la chaleur.

On n'a guère vu de queue plus grande que celle de la comète de 1680, parce qu'on n'a guère vu de comète passer si près du soleil : le 18 décembre 1680, elle en était 166 fois plus près que la terre. Cette comète recevait une chaleur 28 mille fois plus grande que celle que nous éprouvons au solstice d'été. La chaleur de l'eau bouillante est trois fois plus grande que celle qu'une terre sèche reçoit alors du soleil, et la chaleur d'un fer rouge, trois ou quatre fois plus grande que celle de l'eau bouillante, suivant l'estimation de Newton. Ainsi la comète de 1680 dut être échauffée environ deux mille fois plus qu'un fer rouge, et un globe de fer de même diamètre aurait conservé sa chaleur plus de cinquante mille ans. Buffon a réformé le calcul de Newton dans plusieurs points.

Les comètes ne deviennent visibles que lorsqu'elles approchent de leur périhélie. Dans leur aphélie, elles s'éloignent tellement de la portée de notre vue, que quelques-unes restent plusieurs siècles sans pouvoir être aperçues. Dans ce grand éloignement, elles doivent recevoir les rayons du soleil qu'extrêmement affaiblis; aussi doivent-elles alors éprouver un froid excessif, tandis que, dans leur périhélie, elles approchent tellement du foyer du soleil qu'elles en doivent être tout embrasées. Ces passages excessifs du froid au chaud ne permettent pas de penser que ces grands corps puissent être habitables pour des êtres sensibles. Quelle est donc leur nature, et quelle est leur destination ? C'est sur quoi il serait très-difficile de rien prononcer. L'opinion de Newton était qu'elles servaient d'aliment au soleil ; mais alors il faudrait supposer qu'elles se renouvelleraient pour perpétuer l'existence du soleil, sans quoi, lorsque leur nombre serait épuisé, le soleil resterait sans aliment.

Des Éclipses.

Les éclipses se prédisent avec tant de précision et de justesse, qu'on dirait que les astronomes donnent des lois à la nature. Les variétés du cours de la lune causent la différence des temps où l'on voit arriver les éclipses ; mais dans ces variétés mêmes il y a une uniformité qui procure la facilité d'en déduire des règles certaines.

La lune et la terre étant des corps opaques, ainsi que toutes les autres planètes, il est sensible qu'elles doivent intercepter les rayons du soleil dont elles empruntent leur lumière, et former dans l'espace immense des airs une ombre plus ou moins grande, suivant le plus ou moins de leur grosseur. Voilà la cause des éclipses. Quand la lune est directement entre le soleil et la terre, les rayons du soleil étant interceptés par le globe de la lune, l'endroit de la terre sur lequel tombe l'ombre de la lune, se trouve privé de la lumière du soleil, et il paraît éclipsé.

Quand c'est la terre au contraire qui se trouve précisément entre le soleil et la lune, elle interrompt la lumière que la lune empruntait du soleil; c'est alors la lune qui est éclipsée dans l'ombre de la terre. Aussi les éclipses du soleil arrivent-elles toujours quand la lune est *nouvelle*, dans le temps de sa conjonction avec le soleil; et les éclipses de lune, quand la lune est pleine, ou dans son opposition avec le soleil.

Le soleil étant beaucoup plus grand que la terre, l'ombre de la terre se termine en pointe, et comme en forme de cône : on l'appelle en effet le *cône de l'ombre de la terre*. On connaît par le calcul jusqu'où il s'étend. Il est toujours certain que plus le globe de la lune est près de la terre, et plus l'endroit de l'ombre terrestre qu'elle doit traverser est épais; aussi les éclipses de lune sont-elles plus longues quand elles arrivent dans le temps du *périgée*, ou de sa moindre élévation, que quand elles arrivent dans le temps de l'*apogée*, ou de sa plus grande élévation.

Comme la lune est beaucoup plus petite que la terre, et peu éloignée,

elle peut se trouver plongée entière
ment dans l'ombre terrestre ; mais
suivant ce qu'on a dit ci-dessus, ell
demeure totalement éclipsée plus o
moins long-temps, suivant sa situa
tion dans son apogée ou dans son pé
rigée.

La petitesse du globe de la lune em
porte une petitesse proportionnée pou
le cône de l'ombre lunaire ; il est e
effet beaucoup plus petit que celu
de la terre. C'est ce qui fait que dan
certains temps, quand la lune est dan
son plus grand éloignement de la ter
re, quoique son globe soit directemen
entre le soleil et nous, son ombre n
parvient pas jusqu'à nous ; elle ne peu
nous cacher entièrement le soleil ;
paraît un cercle de lumière sur le bor
extérieur de son disque. C'est l'éclips
annulaire.

Les éclipses sont encore *totales o
partielles*. Les totales arrivent quan
le corps du soleil ou de la lune est en
tièrement caché, et les partielles s

font quand il n'y en a qu'une partie éclipsée.

Les éclipses sont *centrales*, quand le soleil et la lune sont vis-à-vis le même nœud, de manière que leurs centres soient en une même ligne droite avec celui de la terre. Quand ces trois corps sont dans cette position, une ligne droite est censée passer du centre du soleil dans celui de la terre et de la lune. Elles ne sont point centrales quand la lune est un peu à côté de ses nœuds, dans le temps de l'éclipse.

Les différentes durées des éclipses viennent des différences qui se rencontrent dans l'éloignement du soleil et de la lune, par rapport à la terre, au temps de l'eclipse.

Les plus grandes éclipses de soleil arrivent lorsqu'il est dans son apogée, et la lune dans son périgée, parce qu'alors le diamètre apparent du soleil est le plus petit qu'il puisse être ; et quand la lune est au périgée, son diamètre apparent est le plus grand. L'éclipse de soleil est alors totale, et ce sont les plus longues ; leur durée est de trois heures huit minutes. Mais le soleil ne reste jamais totalement obscurci l'espace de dix minutes.

A l'égard des plus grandes éclipses de lune, elles se font quand le soleil et la lune sont l'un et l'autre dans leur apogée. Il est sensible qu'alors le cône de l'ombre terrestre doit être plus grand. Mais il semble que si la lune était dans le même temps en son périgée, l'éclipse serait plus longue, puisqu'elle traverserait un endroit de l'ombre beaucoup plus épais. Il est cependant certain que quand elle est elle-même en apogée, les éclipses durent plus long-temps ; parce qu'alors son mouvement propre est beaucoup plus lent, et que la proportion de la vitesse du mouvement qu'elle a dans son périgée, en comparaison de celui qu'elle a dans son apogée, est plus grande que la proportion de l'épaisseur de l'ombre quand elle y passe en on périgée, au regard du passage qu'elle fait en son apogée.

Si la lune suivait l'écliptique, et que son mouvement se fît autour des pôles du zodiaque, comme le cours annuel du soleil, les éclipses auraient un ordre bien plus aisé à connaître ; elles seraient beaucoup plus fréquentes ; il y en aurait deux à chaque *lunaison*, l'une de soleil à la *nouvelle lune*, et l'autre de lune quand elle serait *pleine ;* mais l'inclinaison de l'axe de la lune au plan de l'écliptique, qui est de cinq degrés, fait qu'elle ne se rencontre que deux instans dans chacune de ses révolutions, précisément à l'écliptique, aux endroits de ses nœuds. Pour qu'il arrive une éclipse, il faut que la lune se trouve sans latitude, c'est à-dire qu'elle soit dans l'écliptique, ou qu'elle en soit peu éloignée.

Les éclipses n'arrivent donc que quand la lune est à l'un de ses nœuds, et c'est la progression de ces mêmes

nœuds, dont la connaissance exacte
produit la facilité que l'on a de pré-
voir les éclipses. C'est pour cette raison que les mêmes éclipses arrivent
tous les dix-neuf ans vis-à-vis les
mêmes degrés du zodiaque, les nœuds
de la lune étant le même espace de
temps à faire leur totale révolution
sur l'écliptique.

De tout ce qui vient d'être dit, l'on
doit comprendre qu'il ne doit arriver
aucune éclipse de soleil par rapport à
nous, que lorsque la lune se trouve
entre nous et le soleil. Or, la lune ne
peut guère se rencontrer que deux ou
trois fois dans un an, entre nous et le
soleil. Dans toute autre situation, elle
a trop de latitude, elle est trop éloignée de l'écliptique, et par conséquent
du soleil, qui n'en sort point, pour être
entre cet astre et nos yeux.

La lune coupe deux fois l'écliptique
chaque mois, car elle fait une révolution, dans le zodiaque, en un mois ;
mais le soleil ne se rencontre qu'une

ois en un an dans chacune de ses
ections, ou que deux fois dans les
œuds. Donc, bien loin de voir des
clipses de soleil dans toutes les nou-
elles lunes, à peine doit-il en arriver
eux ou trois en un an.

Les éclipses solaires commencent
ar le bord occidental du soleil, du
oins ordinairement, et finissent par
bord oriental. La raison est que la
ne allant plus vite que le soleil, de
occident vers l'orient, puisqu'elle
hève sa révolution en moins d'un
ois, son bord oriental commence par
indre et nous cacher le bord occi-
ental du soleil, et ne le quitte, pour
rendre tout entier à nos regards,
u'au bord oriental.

Les éclipses de lune sont aperçues,
même instant, de tous les peuples
i les voient arriver sur leur hémis-
ère; mais ils ne voient pas tous le
énomène à la même heure, et cette
fférence des heures est le seul moyen
nt on s'est servi, pendant long-

temps pour déterminer la différence des longitudes.

Qu'une éclipse de lune commence, en effet, à midi, à Paris, si le commencement de cette éclipse est vu à onze heures du matin dans un autre endroit de la terre, on en conclura que ce lieu est plus occidental que Paris, d'une heure ou de 15 degrés; si au contraire on voit commencer le phénomène à une heure après midi dans un autre lieu, on saura que ce lieu est plus oriental d'un pareil nombre de degrés que Paris.

Plus tard, après la découverte de lunettes, les satellites de Jupiter ayant présenté une succession d'éclipses beaucoup plus fréquentes, cette observation fut préférée à l'autre, et aujourd'hui le méthodes astronomiques ont acquis une telle perfection, que la solution du problème des longitudes, regarde long-temps comme impossible, ne laisse rien à désirer.

On appelle *pénombre*, l'espace qu

environne l'ombre de la lune, et dans lequel on est privé des rayons d'une partie du soleil, tandis qu'on en reçoit de l'autre partie de cet astre. Tous ceux qui voient l'éclipse partielle sont dans la pénombre.

On appelle *immersion* le moment où le bord occidental de la lune commence à entrer dans l'ombre, et qui est celui où l'éclipse devient totale, c'est-à-dire celui où le bord oriental de la lune sort de l'ombre.

Pour déterminer la grandeur des éclipses, les astronomes divisent le diamètre, soit du soleil, soit de la lune, en douze parties égales, qu'ils appellent *doigts;* chaque doigt en soixante minutes. Ainsi, quand ils disent qu'une éclipse est de quatre doigts, cela veut dire que le tiers du diamètre du soleil ou de la lune est éclipsé. S'ils disent que l'éclipse de lune sera, par exemple, de vingt-un doigts, cela signifie que, quand le diamètre de la lune aurait vingt-une parties égales à celles dont il en contient douze, l'éclipse serait encore totale. Dans ce cas, il faut que la trace que suit le centre de la lune, dans l'ombre de la terre, surpasse le diamètre de la lune de neuf doigts.

C'est un phénomène bien remarquable que celui qui, au milieu d'un beau jour, nous prive de la lumière du soleil et nous plonge dans une obscurité profonde. A la vérité, cette obscurité se dissipe en peu de temps; mais ce doit être un spectacle effrayant pour les hommes qui, n'étant pas prévenus de ce phénomène, en ignorent la cause. Nous ne devons donc pas être étonnés des frayeurs que ces sortes d'éclipses ont inspirées dans les temps d'ignorance; et si dans ce siècle nous en sommes garantis, ainsi que de la frayeur des comètes, c'est un bienfait dont nous sommes redevables aux progrès des sciences.

De la Terre.

Nous avons dit que la terre est une planète qui tient le troisième rang dans notre système. Elle fait sa révolution autour du soleil, entre Vénus et Mars.

L'ombre de la terre, projetée sur la lune, démontre assez la rondeur de cette **planète**; mais le concours des **expériences** les plus exactes, que les **astronomes** et les physiciens ont faites pour connaître sa véritable figure, a mis hors de doute que la terre était un sphéroïde un peu aplati sur ses pôles, et renflé vers l'équateur.

Si la terre était plate, dès que le soleil paraîtrait sur l'horizon, il éclairerait, dans le même instant, toute la surface terrestre; car rien n'arrêterait ses rayons; il serait midi presque partout en même temps. Par la même raison, il n'y aurait plus ni distinction de climats, ni différence de saisons Le disque solaire couvrirait toute cette petite surface plane, et y darderait partout ses rayons comme sous la zone torride. Or, nous avons des preuves du contraire : nous savons que le jour est successif ; qu'il est nuit dans un endroit, tandis qu'il est jour dans un autre, et que chaque peuple a son méridien, dont on a calculé les différences.

On a remarqué que des voyageurs allant, les uns à l'orient, et les autres à l'occident, s'ils se rencontrent au méridien opposé à celui de leur départ, les premiers compteront douze heures de plus, et les seconds douze heures de moins qu'il n'est dans le lieu d'où ils sont partis ; et si, en continuant leur route, ils y arrivent au bout d'un an, les uns seront plus avancés d'un jour, et les autres retardés d'un jour entier ; en sorte que s'ils sont partis le 1er janvier, à leur retour, les premiers compteront le 2 janvier et les autres le 31 décembre, tandis que les gens du pays compteront le 1er janvier.

C'est ce qui est arrivé à quelques-uns de nos anciens voyageurs, que l'on crut s'être trompés dans leurs calculs. Eux-mêmes ne savaient à quoi attribuer cette différence. Dampier, étant allé à Mandanao par l'ouest, trouva qu'on y comptait un jour de plus que lui. Varénius rapporte qu'à Macao, ville maritime de la Chine, les Portugais comptent, habituellement, un jour de plus que les Espagnols qui sont aux Philippines, quoique peu éloignés. Les premiers sont au dimanche quand les seconds ne sont qu'au samedi. Cela vient de ce que les Portugais établis à Macao y sont allés par le cap de Bonne-Espérance, et les Espagnols sont arrivés aux Philippines en avançant toujours du côté de l'occident, c'est-à-dire en partant de l'Amérique et traversant la mer du Sud. Ces preuves de la sphéricité de la terre sont tellement évidentes, qu'il me paraît impossible de s'y refuser, à moins que d'anciennes préventions ou la force de l'habitude ne l'emportent sur le jugement.

Une des choses qui entrent le plus difficilement dans l'esprit de ceux qui n'envisagent le ciel qu'avec les yeux de l'habitude, est le double mouvement de la terre. Ils ne peuvent se figurer qu'elle tourne sur elle-même, et qu'elle soit transportée dans l'espace , tandis que , non-seulement nous n'éprouvons aucun mouvement , mais que nous nous trouvons toujours à la même place, et toujours environnés des mêmes objets. Une seule réflexion suffit pour dissiper cette difficulté. Nous n'éprouvons aucun mouvement, parce que la terre , dans sa route paisible, n'éprouve aucun choc qui puisse retentir jusqu'à nous. Si nous n'apercevons aucun changement autour de nous, si nous nous trouvons toujours à la même place et toujours environnés des mêmes objets, c'est que tous ces objets sont emportés avec nous par un mouvement commun ; en sorte que l'immobilité paraît être notre partage, et que tout le mouvement paraît devoir appartenir aux astres. Outre que ce mouvement ne saurait expliquer toutes les apparences, il serait absurde de faire tourner, en 24 heures, non-seulement le soleil, mais tous les astres dont l'éloignement est incalculable, et le ciel entier autour de ce point que nous occupons; tandis qu'en le faisant tourner, tout se simplifie, tout prend un caractère de vérité et de sagesse.

La sphéroïdité de la terre est l'effet de la vélocité de son mouvement diurne sur son axe; en effet, ce mouvement étant d'une très-grande vitesse, puisque chaque point de sa circonférence parcourt neuf mille lieues dans 24 heures, les parties du globe terrestre qui sont vers l'équateur ont nécessairement une tendance à s'éloigner du centre, ce qu'on appelle *force centrifuge*; tandis que celles qui sont sous les pôles ont, au contraire, une tendance à se rapprocher du centre, ce que l'on appelle *force centripète* ou *centrale*. Il suit de là que la force de la gravitation décroît à mesure que l'on approche de l'équateur, et le phénomène arrive dans tous les corps qui ont un mouvement sur leur axe.

S'il était possible de supposer un observateur dans le soleil, il verrait l'équateur de la terre incliné sur le plan de l'écliptique de 23 degrés et demi. Ce globe lui paraîtrait tourner sur son axe d'occident en orient en 24 heures et lui présenterait successivement tous les méridiens que l'on imagine passer par les pôles, et sous chacun desquels les habitans considèrent la moitié du jour, ou comptent midi à mesure qu'ils passent vis-à-vis du soleil.

Ce mouvement de rotation d'occident en orient nous fait croire que cet astre ainsi que les étoiles fixes, tournent d'orient en occident dans le même temps.

Outre ce mouvement de la terre en

24 heures sur son axe, l'observateur solaire en remarquerait deux autres : 1° le mouvement de son centre dans son orbite, en un an, selon l'ordre des signes, c'est-à-dire d'environ un degré par jour; 2° le mouvement de précession d'orient en occident, contre l'ordre des signes; mouvement qui s'exécute avec une extrême lenteur, comme nous l'avons déjà dit.

Le mouvement annuel de la terre autour du soleil se trouvant excentrique à cet astre, il en résulte que la trace de son orbite doit être divisée en quatre parties, pour pouvoir déterminer précisément le point de sa plus grande distance, celui de sa plus petite, et ceux de sa distance moyenne au soleil.

Le globe terrestre est divisé en cinq zones. Ces cinq zones sont : la zone torride, les deux zones tempérées, et les deux glaciales. On leur a donné le nom de *zones*, parce qu'elles sont comme des ceintures ou bandes qui environnent la surfaces du globe.

La zone torride, ainsi nommée d'un mot latin qui signifie *brûlée*, occupe tout l'espace qui s'étend entre les deux tropiques. Elle est divisée par l'équateur en deux parties égales, dont chacune embrasse 23 degrés et demi. Ainsi elle a une étendue de 47 degrés; c'est la plus grande des cinq. Tous les pays renfermés dans cette zone peuvent avoir le soleil à leur zénith, c'est-à-dire perpendiculaire. Les anciens la regardaient comme inhabitable, à cause de son extrême chaleur; il est vrai qu'ils ne lui donnaient pas sous ce rapport autant d'étendue, et qu'ils n'appelaient proprement zone torride, que la partie qu'ils jugeaient impossible d'habiter; ce qui ne s'étendait pas tout-à-fait jusqu'aux tropiques.

Les deux zones tempérées occupent un espace de 43 degrés depuis les tropiques jusqu'aux cercles polaires. L'une au nord du tropique du Cancer, l'autre au midi du tropique du Capricorne. Dans ces deux zones, on n'a jamais le soleil perpendiculaire, et on n'est aucun jour de l'hiver sans le voir. Les pays situés au 66me degré et demi de latitude boréale, où finit la zone tempérée, n'ont l'équateur élevé que de 23 degrés et demi : ainsi, quand le soleil, au solstice d'hiver, est à 23 degrés et demi au-dessous de l'équateur, il cesse de s'élever au-dessus de l'horizon, et il ne fait que paraître dans l'horizon même au moment de midi. Au-delà du 66me degré et demi de latitude, il arrive un temps où l'on ne voit pas du tout le soleil aux environs du solstice d'hiver, mais où on le voit pendant 24 heures entières au solstice d'été.

C'est là que commencent les zones glaciales, dont les cercles polaires marquent le commencement, et qui sont, l'une vers le pôle arctique ou septentrional, et l'autre vers le pôle antarctique ou méridional. Les pays situés, depuis le commencement de chacune de ces zones jusqu'au pôle, ont le soleil sur l'horizon pendant un nombre de jours qui est plus grand à mesure que l'on approche davantage du pôle, où enfin le jour est de six mois entiers. La zone glaciale arctique est habitée au moins en partie ; car la Laponie et la Sibérie y sont renfermées ; le reste n'est qu'une vaste mer qui s'étend jusqu'au pôle, ou plutôt qui n'est qu'une calotte de glace. La zone glaciale antarctique est bien moins connue que l'autre. La surface et l'étendue de terre et de mer que contient chaque zone glaciale est six fois moindre que celle de chaque zone tempérée ; et la zone torride est les trois quarts de la somme des deux zones tempérées.

Virgile, dans ses Géorgiques, a peint en très-beaux vers la division du ciel en cinq zones. Voici comment Delille a rendu ce passage :

Le soleil, pour régler l'ordre de nos travaux,
Visite tous les ans douze signes égaux.

Cinq zones de leur tour embrassent l'empyrée ;
D'une de feux brûlans sans cesse est dévorée ;
Sous un poids éternel de glaces, de frimas,
Deux autres jusqu'au pôle étendent leurs climats.
La clémence des dieux, aux mortels misérables,
Entr'elles a laissé deux zones habitables.
Le soleil, entouré de signes radieux,
Parcourt obliquement cet espace des cieux :
La terre qui s'élève au nord vers la Scythie,
S'abaisse également vers l'aride Libye.
Notre pôle pour nous brille au plus haut des airs,
Tandis que l'autre touche aux voûtes des enfers.
Le Dragon, tel qu'un fleuve, en longs replis se traîne,
De sa queue ondoyante il embrasse, il enchaîne
Les Ourses, dont le char vers le nord suspendu,
Sous les flots de Thétis n'est jamais descendu.
Dans un silence affreux, dans une nuit profonde,
Languissent au midi les habitans du monde ;
L'Aurore, en nous quittant, doit leur porter le jour
Que la nuit va, dit-on, remplacer à son tour,
Quand le soleil, pour nous commençant sa carrière,
Rapporte à nos climats la vie et la lumière.
C'est ainsi que les cieux indiquent les saisons,
Et le temps de semer et le jour des moissons ;
Quand sur l'onde rapide, on peut, loin des rivages
S'abandonner aux flots sans craindre les orages,
D'une flotte guerrière ordonner les apprêts,
Et couper à propos le sapin des forêts.
Sur l'ordre des travaux voulons-nous nous instruire ?
Interrogeons le ciel ; il peut seul nous conduire.

Le mouvement *annuel* et le mouvement *diurne* s'expliquent avec une extrême facilité, dans le système de Copernic. Il suffit, en effet, que la terre tourne en vingt-quatre heures sur elle-même, d'occident en orient, pour que tous les astres paraissent tourner en sens contraire, dans le même intervalle de temps. Il suffit encore que notre planète parcoure le zodiaque dans l'espace de 365 jours un quart environ, pour que le soleil nous semble passer successivement dans les douze signes de ce zodiaque, de manière que le lieu apparent de l'astre du jour soit toujours opposé de 180 degrés ou de six signes au lieu réel de la terre. Le changement des saisons s'explique aussi très-bien dans ce système, en admettant que l'axe de la terre est incliné de 23 degrés et demi environ, sur le plan de son orbite, et qu'elle se meut d'un mouvement de parallélisme qui retient son axe parallèle à l'axe du monde.

L'équinoxe de printemps a lieu quand la terre est placée entre le soleil et le point de l'écliptique qu'on nomme le *commencement du signe de la Balance*. C'est le moment où le soleil nous paraît entrer dans le signe du Bélier. La terre, étant dans cette situation, son axe n'incline en aucune façon vers l'astre du jour, ni par sa partie septentrionale, ni par sa partie méridionale. Ainsi, la ligne droite qui vient du centre du soleil, et qui tend vers le centre de la terre, passe par l'équateur. Or, comme cet équateur est alors coupé en deux parties égales par l'horizon de tous les peuples, sur toute la terre le jour devient égal à la nuit, parce que le soleil paraît partout être douze heures sur chaque horizon, et douze heures dessous.

Voilà l'équinoxe du 20 mars, et le commencement du printemps, durant lequel le soleil semble parcourir le Bélier, le Taureau et les Gémeaux, tandis que c'est la terre qui parcourt les trois signes opposés, la Balance, le Scorpion et le Sagittaire.

Le *solstice d'été* a lieu lorsque la terre ayant été emportée de la quantité d'un quart de cercle, qui contient ces trois derniers signes, elle se trouve placée entre le soleil et le point du Capricorne. Alors nous voyons le soleil au commencement du signe de l'Écrevisse.

Quand la terre est dans cette situation, la partie septentrionale de son axe penche vers le soleil, et fait avec le signe qui part du centre de cet axe, un angle aigu, et moindre qu'un angle de 23 degrés et demi. La ligne qui part du centre du soleil doit donc se terminer à un point de la surface de la terre dans la partie septentrionale. Ce point est nécessairement distant de l'équateur de 23 degrés et demi; et comme la terre présente toute sa surface au soleil dans l'espace de 24 heures, il s'ensuit que cet astre doit décrire sur la terre un cercle éloigné de l'équateur terrestre de 23 degrés et demi. Ce cercle est ce que l'on nomme le *tropique du Cancer ou de l'Écrevisse*. Ceux qui habitent dans la circonférence de ce tropique, ont alors le soleil perpendiculairement sur leur tête.

Et, comme l'horizon de tous les peuples coupe en parties égales les cercles diurnes, excepté l'équateur, il arrive de là qu'il existe une différence dans la longueur des jours et des nuits par toute la terre, excepté à l'équateur; cependant, dans la partie septentrionale de la terre, *l'arc diurne* est plus grand que *l'arc nocturne;* tandis qu'au contraire, dans la partie méridionale de la terre, *l'arc diurne* est plus petit que *l'arc nocturne.* Ainsi pendant que nous avons du côté du septentrion, l'été, des jours fort longs et des nuits très-courtes, les peuples qui habitent dans l'hémisphère inférieur ont, l'hiver, des jours fort courts et des nuits très-longues.

Voilà le solstice du 22 juin et le commencement de l'été durant lequel le soleil semble parcourir l'Écrevisse, le Lion et la Vierge, lorsque c'est la terre, au contraire, qui parcourt les trois signes opposés, le Capricorne, le Verseau et les Poissons.

L'équinoxe d'automne arrive lorsque la terre ayant été transportée d'un autre quart de cercle qui contient ces trois derniers signes, elle se trouve placée entre le soleil et le commencement du signe du Bélier. C'est le moment où le soleil nous paraît sous le premier point du signe de la Balance.

Quand la terre est là, il est certain que son axe ne penche point vers le soleil. Alors la ligne droite qui part du centre du soleil pour se terminer au centre de la terre, passe par son équateur. Et comme cet équateur est coupé en deux parties égales par l'horizon de tous les peuples, cela cause l'équinoxe, et rend par toute la terre le jour égal à la nuit; parce que *l'arc diurne* que le soleil décrit sur l'horizon est égal à l'*arc nocturne* qui est dessous.

Cet équinoxe est perpétuel pour les peuples qui sont sous la ligne équinoxiale ; car dans quelque situation que soit la terre en parcourant les signes du zodiaque, leur horizon fait toujours l'*arc diurne* égal à l'*arc nocturne*. Ainsi ils ont toujours 12 heures de jour et 12 heures de nuit.

Mais pour peu qu'on soit éloigné de l'équateur, on éprouve aussitôt l'inégalité entre les jours et les nuits, parce que l'horizon coupe inégalement tous les cercles diurnes. Voilà l'équinoxe du 23 septembre et le commencement de l'automne, durant lequel le soleil paraît parcourir la Balance, le Scorpion et le Sagittaire, tandis que c'est, au contraire, la terre qui parcourt en effet les trois signes opposés, savoir, le Bélier, le Taureau et les Gémeaux.

Le solstice d'hiver arrive lorsque la terre, ayant été emportée d'un autre quart de cercle qui renferme ces trois derniers signes, se trouve placée entre le soleil et le premier point de l'Écrevisse. Nous voyons, dans ce moment, le soleil au premier point du Capricorne.

Lorsque la terre est en cet endroit, son axe, qui est incliné sur son orbite, penche vers l'astre du jour par sa partie méridionale. Dans cette position, la ligne qui part du centre du soleil, pour tendre vers le centre de la terre, passe par un point de sa surface qui est autant au-dessous de l'équateur, que l'axe de la terre est incliné sur son orbite. De cette manière, le soleil doit être perpendiculaire à tous ceux qui sont au tropique du Capricorne.

Et comme l'horizon de tous les peuples coupe tous les cercles diurnes, excepté l'équateur, en des arcs de différentes grandeurs, cela cause la différente longueur des jours et des nuits par toute la terre, de sorte néanmoins que, dans la partie méridionale de la terre, l'axe diurne est plus grand que l'axe nocturne. Alors on a de ce côté-là, l'été, les longs jours et les courtes nuits, pendant que nous avons, l'hiver, de courts jours et de longues nuits.

Voilà donc le solstice du 22 décembre et le commencement de l'hiver, durant lequel le soleil semble parcourir le Capricorne, le Verseau et les Poissons, pendant que c'est la terre qui parcourt en effet les signes opposés, l'Écrevisse, le Lion et la Vierge.

Telle est l'admirable et perpétuelle dispensation de la lumière et de la chaleur du soleil.

Ce que je viens de dire sur les quatre saisons de l'année et sur le temps où elles commencent, ne convient qu'aux peuples qui habitent comme nous entre le tropique de l'Écrevisse, et le pôle arctique ; car c'est tout le contraire pour ceux qui sont entre le tropique du Capricorne et le pôle antarctique, c'est-à-dire dans la zone tempérée et la zone glaciale australe.

Dans la partie méridionale de la terre, l'été commence lorsque le soleil paraît entrer dans le premier degré du Capricorne, le 22 décembre, la terre étant au premier degré de l'Écrevisse; c'est pour nous le commencement de l'hiver.

L'automne commence quand le soleil paraît entrer dans le premier du Bélier, le 20 ou 21 mars, la terre étant au premier degré de la Balance; alors commence notre printemps.

L'hiver commence lorsque le soleil paraît entrer dans le premier degré de l'Ecrevisse, le 22 juin, la terre étant au premier degré du Capricorne; notre été commence alors.

Le printemps commence quand le soleil paraît entrer dans le premier degré de la Balance, le 23 septembre, la terre étant au premier degré du Bélier; c'est pour lors que commence notre automne.

A l'équateur, on y éprouve tous les ans deux étés, deux hivers, deux printemps et deux automnes. En six mois on voit les quatre saisons. Depuis le 20 ou 21 mars jusqu'au 23 septembre, on y éprouve l'été, l'automne l'hiver et le printemps.

Le premier été commence quand le soleil paraît entrer dans le premier degré du Bélier, le 20 ou 21 mars.

Le premier automne commence quand le soleil paraît entrer dans le deuxième degré du Taureau, le 22 ou 23 avril.

Le premier hiver commence quand le soleil paraît entrer dans le premier degré de l'Écrevisse, le 22 juin.

Le premier printemps commence lorsque le soleil paraît entrer dans le deuxième du Lion, vers le 24 juillet.

Dans les autres six mois, c'est-à-dire depuis le 23 septembre jusqu'au 20 mars, il y a encore pareillement un été, un automne, un hiver et un printemps.

Le second été commence quand le soleil paraît entrer dans le premier de-gré de la Balance, le 23 septembre.

Le second automne commence quand le soleil paraît entrer dans le deuxième degré du Scorpion, le 23 ou le 24 octobre.

Le second hiver commence quand le soleil paraît entrer dans le premier degré du Capricorne, le 22 décembre.

Le second printemps commence lorsque le soleil paraît entrer dans le vingt-huitième degré du Verseau, le 18 février.

Ainsi tous les points de la surface terrestre ne sont pas placés dans des situations également favorables pour recevoir l'action du soleil, et par conséquent sa lumière et ses divers aspects que notre globe présente à cet astre, dans ses différentes positions, se distinguent ordinairement sous les noms de *sphère droite*, *sphère oblique*, et *sphère parallèle*.

La sphère droite est celle où l'équateur est perpendiculaire à l'horizon, et le coupe à angles droits ; elle a lieu pour les peuples qui sont sous l'équateur : là les deux pôles sont toujours dans l'horizon ; tous les cercles parallèles à l'équateur sont coupés par l'horizon en deux parties égales, que le soleil parcourt chaque jour en douze heures ; ainsi les jours y sont égaux entre eux et égaux aux nuits pendant toute l'année. Le soleil y passe deux fois l'année au zénith, le 20 mars et le 22 septembre, jours auxquels le soleil décrit l'équateur. On y a donc comme deux étés et deux printemps ; car l'hiver n'est point connu dans des pays où le soleil lance des rayons presque toujours perpendiculaires. Cependant la chaleur, qui est extrême sur les rivages et dans les fonds, se change en une douce température lorsqu'on s'élève de douze à quinze cents toises ; et sur les montagnes de deux mille cinq cents toises, on éprouve un froid insupportable et une neige éternelle. Dans la sphère droite on a le soleil du côté du nord, et l'ombre du côté du midi, depuis le 20 mars jusqu'au 22 septembre; c'est tout le contraire pendant la moitié de l'année; dans les deux jours d'équinoxe, l'ombre disparaît totalement à midi. Toutes les étoiles y montent sur l'horizon en vingt-quatre heures, puisque dans leur révolution elles sont douze heures sur l'horizon et douze heures dessous; au lieu que dans les autres positions de la sphère il y a toujours une partie des étoiles qui ne se lève jamais. Enfin, dans la sphère droite, on voit le soleil et tous les astres s'élever perpendiculairement au-dessus de l'horizon.

La sphère oblique a lieu pour tous les pays qui ne sont situés ni sous l'équateur ni sous les pôles, soit qu'on les prenne dans l'hémisphère boréal ou dans le méridional. Dans la sphère oblique, on a l'équateur placé obliquement par rapport à l'horizon, qui coupe inégalement les cercles parallèles à l'équateur; le jour n'y est égal à la nuit que le 20 mars et le 22 septembre, jour des équinoxes ; le soleil décrit alors l'équateur, qui, étant un des grands cercles de la sphère, est toujours coupé par l'horizon en deux parties égales. Dans le reste de l'année, les jours sont pour ces pays plus ou moins grands que les nuits, et l'augmentation des jours devient plus considérable à mesure qu'on approche davantage des cercles polaires. Le jour le plus long, pour les régions septentrionales, est celui où le soleil décrit le tropique du Cancer, c'est-à-dire le jour du solstice d'été ; il est pour notre climat de seize heures. En général les peuples situés au-delà de ce tropique, du côté du nord, ont les plus longs jours tant que le soleil est dans les six premiers signes, depuis le Bélier jusqu'à la Vierge. C'est ce que fait aisément sentir la simple inspection d'une sphère placée obliquement à l'élévation que le pôle a sur notre horizon, c'est-à-dire près de 49 degrés. On y voit que pendant ces six mois, le soleil décrit des cercles pa rallèles à l'équateur qui ont leur plu grande portion au-dessus de l'hori zon ; il est donc chaque jour plu long-temps sur notre horizon qu dessous.

Par la raison contraire, le jour l plus court, pour ces mêmes pays, es celui du solstice d'hiver, où le solei décrit le tropique du Capricorne : pen dant les six mois qu'il parcourt les six derniers signes, nous avons les jour les plus courts. Ils ne sont alors que d huit heures ; le crépuscule dure très peu, et ne va guère au-delà d'une demi-heure ; mais à dater du solstice d'hiver, les jours commencent à croî tre insensiblement, et vont toujours en augmentant jusqu'au solstice d'été.

La sphère parallèle est celle où l'ho rizon est parallèle à l'équateur, c'est-à-dire ou l'équateur sert lui-même d'horizon ; il n'y a sur la terre que deux points où elle ait lieu : ce sont les deux pôles. Dans cette position de

sphère, on a le pôle céleste au
énith; l'année y est composée d'un jour
t d'une nuit, chacun à peu près de
x mois. Tant que le soleil est, par
xemple, dans les signes septentrio-
aux, le pôle boréal est éclairé sans
nterruption. Mais quand il est dans
es signes méridionaux, tous les pa-
llèles qu'il décrit sont en entier dans
hémisphère inférieur, et les pays
eptentrionaux sont six mois dans
obscurité, tandis que les peuples mé-
idionaux ont leur jour de six mois.
l faut excepter de ces six mois de
uit le temps du crépuscule, qui
ommence cinquante-deux jours avant
ue le soleil paraisse sur l'horizon, et
ui ne cesse que cinquante-trois jours
près la disparition totale du disque
olaire. D'ailleurs, pendant la durée
e leur nuit, la lune fait deux fois le
our que le soleil fait en un an, et par
onséquent elle les éclaire pendant
eux mois. En sorte qu'il n'y a guère
ue six semaines de pleine nuit, pen-

dant lesquelles encore les aurores bo
réales, presque continuelles dans le
régions septentrionales, prolongent l
jour, et diminuent l'obscurité des té
nèbres. Dans la sphère parallèle, le
étoiles ne se couchent jamais; elles son
toujours à la même hauteur, au-dessu
de l'horizon, mais on ne voit que l.
moitié du ciel, et c'est toujours l
même; l'autre moitié est toujours ca
chée sous l'horizon. Il n'est pas besoi
d'avertir que les deux points de la terr
où cette sphère aurait lieu, sont pro
bablement inhabités et inhabitables

On a divisé tout l'espace du globe
depuis l'équateur jusqu'à chaque pôle
en portions qu'on appelle climats
d'un mot grec qui signifie incliner
parce que les différences que les cli
mats produisent dans la longueur de
jours sont l'effet de l'inclinaison de l
sphère. Un climat est donc une portion de terre comprise entre deux parallèles, et à la fin de laquelle les plu
grands jours ont une demi-heure ou

un mois de plus qu'à son commencement. Sous l'équateur les plus grands
jours sont de douze heures; et à mesure qu'on avance vers le nord, jusqu'au cercle polaire, ils augmentent
d'une demi-heure par climat. De l'é-
quateur aux cercles polaires on compte
vingt-quatre climats; ce qui donne
vingt-quatre demi-heures, ou douze
heures de plus pour le plus grand jour
des cercles polaires, où il est par conséquent de vingt-quatre heures. Des
cercles polaires aux pôles, on compte
six climats de mois; c'est-à-dire qu'à
la fin de chacun de ces climats, le
plus grand jour a un mois de plus qu'à
son commencement. Les cercles polaires sont au 66e degré et demi; au
67e degré, où finit le premier de ces
climats, le plus long jour est d'un
mois; il est de deux au 69e degré 30
minutes; de trois au 73e degré 20 minutes; de quatre mois au 78e degré;
de cinq au 84e degré; et enfin de six
mois au 90e degré ou au pôle.

près aussi perfectionné qu'il l'a été depuis.

La terre est entourée d'un fluide élastique et compressible que l'on nomme *air*, et dont la masse entière se nomme *atmosphère*. Il suit tous les mouvemens de la terre, ce qui le rend immobile relativement à nous.

L'air est huit cents fois moins dense que l'eau, et pèse, comme tous les autres corps, vers la terre. Il se condense par le froid, et se dilate par la chaleur.

Si l'air était partout de la même densité qu'il est sur la surface de la terre, la hauteur de l'atmosphère ne s'élèverait pas au-dessus de deux lieues; mais il diminue de densité à mesure qu'il s'éloigne de la terre, en sorte que l'atmosphère s'étend beaucoup plus haut.

Les propriétés intrinsèques de l'air appartiennent à la physique; mais certaines apparences, qu'il occasionne à notre vue, deviennent ici de notre ressort, savoir : la couleur azurée du ciel, le crépuscule et la réfraction de l'atmosphère.

La couleur azurée du ciel que nous remarquons au-dessus de nos têtes, dans un temps serein, n'est autre chose que notre atmosphère qui nous renvoie une multitude de rayons tellement combinés ensemble, qu'ils produisent cette couleur bleue que nous appelons mal à propos le ciel. Sans notre atmosphère, l'intervalle qui sépare les étoiles nous paraîtrait d'une obscurité profonde. La voûte céleste, qui nous offre un spectacle si beau, si admirable à la vue, ne présenterait qu'un fond noir et lugubre, parsemé de quelques points brillans.

Le crépuscule est un effet de la réfraction des rayons du soleil par l'atmosphère. Lorsque le soleil n'est qu'à un certain nombre de degrés au-dessous de l'horizon, ses rayons vont frapper l'atmosphère, à peu près comme nous voyons, au lever de cet astre, qu'ils dorent le sommet des montagnes avant de parvenir dans la plaine. L'atmosphère nous réfléchit ses rayons, et nous procure, par là, cette lumière qui devance le lever du soleil, ou qui succède à son coucher. L'une est le crépuscule du soir; l'autre celui du matin, ou l'*aurore*. L'un et l'autre crépuscule finit ou commence lorsque le soleil arrive au 18ᵉ degré au-dessous de l'horizon ; et comme, dans les plus longs jours d'été pour Paris, le soleil n'a guère que ce nombre de degrés à parcourir au-dessous de l'horizon , il arrive que, lorsque le crépuscule du soir finit pour cette ville, celui du matin commence, et qu'il n'y a point ou presque point de nuit.

La réfraction de l'atmosphère est cette propriété de faire paraître brisés les objets qui sont à demi plongés , et de déplacer le lieu apparent de ceux qui y sont plongés entièrement, comme on peut le remarquer lorsqu'on plonge successivement un bâton dans l'eau, ou lorsqu'on y jette un corps pesant qui tombe au fond, si les yeux peuvent l'y suivre facilement. Le bâton paraît brisé à l'endroit où il entre dans l'eau, et le corps plongé paraît occuper une place dans une direction plus avancée, de manière que l'on découvrira le corps entier, quoiqu'on l'ait jeté dans une direction à être en deçà de la vue de plus de la moitié de sa surface. Telle est la réfraction qu'éprouvent les rayons du soleil en traversant l'atmosphère. Ils se plient et se détournent de manière à arriver vers nous plus tôt qu'ils n'y seraient venus par la ligne droite. Cette réfraction est telle, que, quand le bord supérieur du soleil est véritablement à l'horizon, en sorte qu'il ne fasse que paraître, le disque entier étant encore sous l'horizon, la réfraction l'élève assez pour qu'il paraisse tout entier au-dessus, c'est-à-dire qu'alors son bord inférieur paraît toucher l'horizon, et l'effet de la réfraction égale à peu près la grandeur même du diamètre solaire. Il faut 4 à 5 minutes dans nos climats pour que le soleil s'élève de la quantité d'un demi-degré ; en sorte que la durée du jour artificiel y est augmentée, tant pour le soir que pour le matin, de plus d'un demi-quart d'heure. Cet effet de la réfraction devient beaucoup plus considérable en avançant vers les zones glaciales ; et sous le pôle, le seul effet de la réfraction y procure environ 67 heures de jour de plus qu'il n'y aurait sans elle.

« Quand on réfléchit, dit M. Biot, sur la diversité des êtres qui peuplent notre globe terrestre, et sur la multitude des végétaux qui y croissent, on est étonné que ces modifications infinies puissent résulter de la seule différence de la température dans les divers lieux. Aussi les physiciens se sont-ils beaucoup attachés à étudier une cause aussi étendue et aussi générale.

« On ne fait d'abord aucun doute

que le soleil ne soit la source de cette chaleur qui féconde la terre ; cependant quelques phénomènes semblent indiquer au premier coup d'œil que notre globe a aussi une chaleur propre et indépendante de la présence du soleil. On sait que la température se maintient constamment la même dans les souterrains à 27 ou 30 mètres de profondeur (80 ou 100 pieds). Passé ce terme, on ne ressent ni les grands froids de l'hiver, ni les chaleurs brûlantes de l'été. On a aussi observé que les amas de glaces qui recouvrent certaines montagnes des Alpes, se fondent continuellement par le pied, lorsqu'elles sont assez épaisses pour préserver du froid extérieur le terrain sur lequel elles reposent ; et de dessous ces glaciers sortent des courans d'eau vive qui coulent même pendant l'hiver.

« Quelques physiciens ont cru voir dans ces phénomènes les traces d'un ancien état d'embrasement. Selon eux, c'est par l'effet d'un refroidissement très-lent que la surface de la terre est parvenue à la température actuelle ; et l'intérieur de la masse, exposé à une déperdition moins considérable, a conservé une chaleur plus grande, qu'ils appellent la *chaleur centrale*, et à laquelle ils attribuent les effets que nous venons de rapporter.

« D'autres philosophes, frappés de l'ordre qui règne dans l'univers, où tout paraît disposé pour un état durable, ont cherché la raison de ces mêmes faits dans une cause permanente, et ils ont vu qu'on peut également les expliquer par la seule action long-temps prolongée de la chaleur solaire.

« Chaque année le soleil envoie à la terre une certaine quantité de feu. Si ce feu s'accumulait sans cesse, la température s'élèverait à proportion, et la terre serait depuis long-temps embrasée. Mais une grande partie se dissipe insensiblement dans l'espace ; car c'est un fait certain que l'air n'arrête pas la chaleur qui *rayonne* dans tous les sens, en s'exhalant des corps échauffés. La perte qui résulte de ce rayonnement augmente avec la température, et lui est proportionnelle. Ces deux causes contraires, agissant peut-être depuis des millions de siècles, ont dû porter depuis long-temps la terre au degré de température qu'elle pouvait atteindre. Alors il s'est établi un certain équilibre entre la chaleur qui vient annuellement du soleil et celle qui se dissipe annuellement. De là l'état constant et durable de la température. »

Nous avons reconnu que les deux mouvemens diurne et annuel du soleil pouvaient se représenter exactement par un mouvement de la terre en sens contraire. Il en est de même de la *précession des équinoxes* et de ces petits déplacemens des étoiles que les astronomes ont nommé *nutation*. En effet, il est bien plus aisé de concevoir un léger déplacement dans l'équateur terrestre, que d'assujettir à un mou-

vement général le système entier de
tant de corps célestes si différens par
leurs grandeurs, leurs mouvemens et
leurs distances.

Un des grands avantages du système
de Copernic fut de mesurer les distances des planètes. Bailly, dans le passage suivant, nous a paru donner une
explication extrêmement claire de
cette théorie importante, connue sous
le nom de *parallaxe*.

« Si, d'un lieu quelconque, vous
regardez un objet éloigné à travers
une campagne nue, le rayon visuel, qui
s'étend de votre œil à l'objet, ne peut
vous faire connaître sa distance : vous
n'en aurez point d'idée tant que vous
resterez à la même place ; mais si vous
avancez vers la droite ou la gauche,
vous verrez alors de côté la distance
de votre premier poste à l'objet éloigné ; vous pourrez comparer cette distance au chemin que vous aurez parcouru en vous écartant, et ce chemin,
mesuré par vos pas, vous donnera

l'idée de la distance que vous n'avez pas parcourue. Cette estimation sera d'autant plus exacte que vous aurez le coup d'œil plus juste. Mais quand les sciences se perfectionnent, quand les instrumens sont inventés, il n'est plus question d'estimation, il faut des mesures. Alors vous remarquerez que l'objet, vu de votre second poste, ne répond plus au même point de l'horizon. Ce changement de lieu de l'objet, qui vient uniquement de ce que vous avez changé de poste, vous l'appellerez *parallaxe*. On peut mesurer avec un instrument ce changement de lieu ; la distance des objets s'en déduit facilement par la géométrie. C'est ainsi que la lune est vue au même instant en différens points du ciel, de différens lieux de la surface de la terre. Hipparque, qui remarqua cette variété d'aspects, en tira la connaissance de la distance de la lune. Mais cette parallaxe est d'autant plus petite, que la distance de l'astre est plus grande ;

à mesure que l'astre s'éloigne, la terre diminue pour lui de grandeur; si la distance est considérable, la terre pourra devenir si petite qu'elle ne sera aperçue que comme un point. Tou les pas que nous autres hommes nous ferons sur sa surface, seront insensibles, ne changeront point la direction du rayon visuel; quelles que soient nos courses sur le globe, l'objet restera constamment à la même place : c'est comme si nous demeurions à notre premier poste; il n'y a point de parallaxe et point d'idée de la distance. Hipparque s'arrêta après avoir trouvé celle de la lune : toutes les autres planètes avaient des parallaxes trop petites pour les instrumens anciens. Hipparque et Ptolémée en conclurent seulement que ces planètes étaient fort éloignées.

« La terre étant supposée immobile, il eût été heureux à l'homme d'en pouvoir sortir, de s'élancer dans l'espace avec des instrumens, pour s'éloigner

e sa demeure, et d'acquérir par un
hangement de lieu suffisant, par une
arallaxe assez grande, la notion exacte
e la distance que lui refusait le repos
e la terre. Voilà précisément le bien-
ait de Copernic; voilà le service qu'il
 rendu à l'esprit humain et aux scien-
es. En restituant à la terre le mouve-
nent qu'elle a reçu de l'auteur de la
ature, l'homme se trouve transporté
vec elle; il peut juger de l'étendue
u monde par l'étendue de son voya-
e annuel. Ce ne sont plus de petits in-
ervalles comme ceux qu'il parcourt
ur un globe de neuf mille lieues de
our; il suit une circonférence dont
lus de soixante-neuf millions de lieues
ont le diamètre. Voilà la base d'une
rande parallaxe; et dans cette longue
oute on a des stations à choisir pour
tablir des mesures. A chaque pas
ue fait la terre dans son orbite, ce
éplacement change l'apparence du
ieu des planètes dans le ciel. Ces dé-
lacemens accumulés forment des

changemens sensibles. Il s'agit unique
ment de bien connaître le mouvemen
propre de la planète, de bien établir
chaque instant le lieu où elle est vu
du soleil, et en comparant ce lieu ave
le lieu observé de la terre, on a la dif
férence, l'altération qui résulte du dé
placement de notre globe. C'est u
véritable parallaxe que nous nommor
parallaxe du grand orbe, parallax
de l'orbe annuel. Cette parallaxe e
d'autant plus petite que la planète e
plus éloignée ; mais la moindre est d
plusieurs degrés. Copernic en conclu
le rapport de la distance de chaqu
planète au rayon de l'orbe de la terre
c'est-à-dire à l'intervalle qui sépare l
terre du soleil. C'est le module de
distances de toutes les planètes. Il eu
donc les rapports de ces distances
une échelle de grandeur depuis la cou
dée, la toise, la lieue jusqu'au rayo
du globe ; depuis ce rayon du glob
jusqu'au rayon de son orbe annuel,
enfin depuis le rayon de cet orbe jus

qu'aux distances des autres planètes qui composent notre système solaire. »

La parallaxe est donc en général la différence entre le lieu où un astre paraît vu de la surface de la terre, et celui où il nous paraîtrait si nous étions au centre. La parallaxe est nulle quand l'astre se trouve au zénith de l'observateur : elle l'est de même pour toutes les étoiles fixes, à cause de leur prodigieux éloignement, qui, en alongeant extraordinairement les côtés de cet angle, ne laisse à leur extrémité qu'un point qui ne peut être aperçu.

De la Pesanteur, ou de l'Attraction des Planètes.

On nomme *pesanteur* cette force par laquelle un corps abandonné à lui-même se précipite vers la terre. Il n'en est aucun sur la surface du globe qui ne soit assujetti à son action ; et si quelques-uns, tels que la vapeur de la fumée, s'élèvent au lieu de descendre, c'est qu'étant spécifiquement moins pesant que le fluide atmosphérique dans lequel ils nagent, la pesanteur des parties de ce fluide les force de remonter à sa surface. C'est ce qui arrive aux aérostats.

Le premier phénomène qu'on observe dans la pesanteur des corps terrestres, c'est la vitesse avec laquelle ils tombent vers la terre : tous les corps grands ou petits, quels que soient leur étendue, leur volume, leur densité et leur masse, commencent à tomber avec une vitesse de 15 pieds par seconde; mais après avoir parcouru 15 pieds dans la première seconde de temps, ils en parcourent trois fois autant dans la suivante, cinq fois autant dans la troisième; les espaces parcourus sont comme les nombres impairs, 1, 3, 5, 7, 9, etc. Galilée reconnut le premier cette loi, confirmée ensuite par toutes les expériences.

De là il résulte évidemment que les espaces parcourus sont comme les carrés des temps ; car le corps qui n'avait parcouru qu'une perche à la fin de la première seconde, se trouve en avoir parcouru quatre au bout de deux secondes, neuf après trois secondes, seize, etc.; donc les espaces parcourus dans la chute des corps sont comme les carrés 1, 4, 9, 16 des temps 1, 2, 3, 4 que la chute a duré.

La pesanteur d'un corps est proportionnelle à sa masse, c'est-à-dire qu'un corps qui renferme deux ou trois fois plus de matière qu'un autre, est deux ou trois fois plus pesant. Mais la vitesse dans la chute est la même pour toute espèce de corps, lorsque aucun obstacle ne s'oppose à la rapidité de leur mouvement. De là vient que dans le vide de la machine pneumatique, une plume et une balle de plomb tombent de la même hauteur dans le même espace de temps. Mais il ne faut pas confondre cette vitesse dans le vide avec ce qu'on appelle proprement pesanteur. Tout corps n'est plus ou moins pesant qu'en conséquence de la quantité de matière qu'il renferme : c'est pourquoi on peut, par la pesanteur, estimer la densité respective des différens corps, tels que l'or, l'argent; et, en général, ce qu'on nomme pesanteur est le produit de la masse par la vitesse. Mais passons à l'application de ces principes, à l'égard des corps célestes.

La figure ronde des astres suffit d'abord pour démontrer qu'il y a dans chaque planète une pesanteur semblable à celle que l'on éprouve sur notre globe. La terre s'est arrondie dès l'instant de sa formation, et la mer qui l'environne s'arrondit également, parce que toutes les parties tendent vers un centre commun, autour duquel elles se disposent et s'arrangent pour trouver l'équilibre dont elles ont besoin pour s'y maintenir : ainsi la pesanteur mutuelle de toutes les parties doit nécessairement produire leur rondeur.

La pesanteur est perpendiculaire à la surface de la terre et à celle de l'Océan, qui la recouvre en grande partie. Car on démontre, en hydrostatique, que la mer, et généralement toute espèce de fluide, ne peut être en équilibre, à moins que la direction de la pesanteur ne soit perpendiculaire à sa surface. Il s'ensuit que la terre étant parfaitement sphérique, la pesanteur serait dirigée suivant son rayon, et par conséquent toutes les directions de la pesanteur iraient se réunir au centre de la terre : mais cette planète n'étant pas exactement une sphère, la pesanteur n'est pas dirigée précisément vers son centre.

Lorsque l'on a lancé un corps en l'air, on le voit s'élever et retomber ensuite, décrivant une courbe, que Galilée a démontré être une parabole. Sans l'action de la pesanteur, ce corps continuerait de se mouvoir uniformément dans la direction suivant laquelle il a été lancé. Mais la pesanteur, agissant sur lui à chaque instant, le détourne sans cesse de sa direction, en l'abaissant vers la terre, et le force, pour ainsi dire, à décrire une parabole.

L'action de la pesanteur n'est pas bornée à la surface de la terre; elle agit encore dans son intérieur, ainsi qu'au sommet des plus hautes montagnes. Il est donc très-naturel de penser que, s'il était possible de s'élever au-delà, on sentirait encore son pouvoir, et qu'il s'étend jusqu'à la lune, éloignée de la terre de plus de quatre-vingt-six mille lieues, ou de soixante fois le rayon du globe terrestre.

Si l'on conçoit un boulet lancé horizontalement du sommet d'une montagne, il retombera vers la terre, à une certaine distance du point de départ; cette distance sera d'autant plus grande que la force de projection aura été plus considérable. Il est possible même d'imaginer cette force assez grande pour que ce boulet ne retombe pas sur la terre, mais tourne sans cesse autour d'elle. C'est exactement ainsi que la lune se meut autour de cette planète.

Anaxagore, Démocrite, Épicure, admettaient déjà cette tendance générale de la matière vers des centres communs, soit sur la terre, soit ailleurs. Plutarque en parle aussi dans l'ouvrage de la cessation des oracles, où il explique comment chaque monde a son centre particulier, ses terres, ses mers, et la force nécessaire pour les assembler et les retenir autour du centre.

Copernic avait la même idée de l'attraction générale, car il attribuait la rondeur des corps célestes à la tendance qu'ont leurs différentes parties à se réunir; d'où il suivrait que cette tendance avait lieu dans chaque planète aussi bien que sur la terre. Ticho admettait lui-même une force centrale dans le soleil, pour retenir les planètes dans leurs orbites autour de

lui, quoique cette attraction fût difficile à concilier avec son système. Keppler, génie plus vaste et plus hardi
que tous ceux qui l'avaient précédé,
porta ses idées plus loin. Il sentit que
l'attraction était générale et réciproque, et que l'attraction du soleil devait s'étendre jusqu'à la terre. Keppler
démontra le premier que les orbites
des planètes n'étaient point circulai-
res; il dit précisément que, si la lune
et la terre n'étaient pas en mouvement,
elles s'approcheraient l'une de l'autre,
et se réuniraient à leur centre de gravité commun. Il dit aussi que l'action
du soleil produit les inégalités de la
lune; que l'action de la lune produit
le flux et reflux de la mer; que le
soleil attire les planètes, et en est attiré.

Et comment ne pas tirer cette conséquence des phénomènes que l'on
observait? La pesanteur des corps terrestres s'étend jusqu'au plus haut des
airs, d'où la grêle tombe avec violence

aussitôt que le froid l'a formée ; il était donc évident que cette pesanteur devait s'étendre plus loin que la terre, et au-delà des nuages qui l'environnent. La lune n'est pas fort éloignée de la terre, dut dire Keppler ; elle tourne autour de la terre, elle y présente toujours le même côté ; n'y aurait-il pas vers la lune un reste de cette pesanteur qui ramène tout à la terre ? Les corps qui tournent en rond s'échappent bientôt par la tangente, s'ils ne sont retenus ; la lune devrait s'échapper de son cercle (comme une goutte d'eau s'échappe de dessus une meule), si la terre n'avait assez de force pour l'en empêcher. Ce même raisonnement fit trouver ensuite à Newton quelle était la loi de cette pesanteur.

Keppler ayant une fois conçu que la lune était attirée par la terre, et considérant que chaque planète a sa pesanteur, devait en conclure que la lune attirait aussi la terre ; mais en considérant les eaux de la mer qui se soulèvent tous les jours quand la lune passe au méridien, il ne douta plus que ce ne fût là un effet de l'attraction lunaire.

C'est surtout dans sa nouvelle physique céleste que Keppler s'exprime sur la gravité d'une façon bien remarquable pour ce temps-là. Il voyait, d'une manière frappante et lumineuse pour lui, toutes les planètes assujetties au soleil, et la lune à la terre, comme les corps terrestres que nous avons continuellement sous les yeux; il sentait que l'attraction était générale entre tous les corps de l'univers; que deux pierres se réuniraient par leur attraction mutuelle, si elles étaient hors de la sphère d'activité de la terre; que les eaux de la mer s'élèveraient vers la lune si la terre ne les attirait, et que la lune retomberait vers la terre sans la force avec laquelle elle décrit son orbite.

La lecture des ouvrages de Keppler

suffisait pour persuader aux savans que cette attraction de la matière était universelle ; aussi voyons-nous qu'en Angleterre et en France, même avant Newton, plusieurs auteurs en parlèrent disertement.

On trouve dans Fermat le passage suivant : « La commune opinion est que la pesanteur est une qualité qui réside dans le corps même qui tombe ; d'autres sont d'avis que la descente des corps procède de l'attraction d'un autre corps qui attire celui qui descend, comme la terre. Il y a une troisième opinion qui n'est pas hors de vraisemblance, c'est une attraction mutuelle entre les corps, causée par un désir naturel que les corps ont de s'unir ensemble, comme il est évident au fer et à l'aimant, lesquels sont tels que si l'aimant est arrêté, le fer ne l'étant pas l'ira trouver ; et si le fer est arrêté, l'aimant ira vers lui ; et si tous deux sont libres, ils s'approcheront réciproquement l'un de l'autre, en sorte toutefois que le plus fort des deux fera le moins de chemin. »

Bacon parle souvent de l'attraction magnétique de la terre sur les corps graves, de la lune sur les eaux de la mer, du soleil sur Mercure et Vénus ; il propose des expériences propres à vérifier ces attractions.

Galilée reconnaissait aussi cette sympathie de la lune avec la terre. Hévélius attribuait au soleil une force semblable à l'occasion des comètes.

L'attraction générale était surtout le principe fondamental d'un livre que Roberval publia en 1644. Il attribue à toutes les parties de la matière dont l'univers est composé, la propriété de tendre les unes vers les autres ; c'est pour cela, dit-il, qu'elles se disposent sphériquement, non par la vertu d'un centre, mais par leur attraction mutuelle pour se mettre en équilibre les unes avec les autres.

On voit encore l'attraction mutuelle de tous les corps célestes indiquée d'une manière positive dans un livre du docteur Hook. « J'expliquerai, dit-il, un système du monde qui diffère, à plusieurs égards, de tous les autres, mais qui s'accorde parfaitement avec les règles ordinaires de la mécanique ; il est fondé sur ces trois suppositions : 1° que tous les corps célestes, sans en excepter aucun, ont une attraction ou gravitation vers leur propre centre, par laquelle, non-seulement ils attirent leurs propres parties et les empêchent de s'écarter, comme nous le voyons sur la terre, mais attirent encore les autres corps célestes qui sont dans la sphère de leur activité ; 2° que tous les corps qui ont reçu un mouvement simple et direct, continuent à se mouvoir en ligne droite jusqu'à ce que, par quelque autre force effective, ils en soient détournés et forcés à décrire un cercle, une ellipse ou quelque autre courbe composée ; 3° que les forces attractives sont d'autant plus puissantes dans leurs opérations, que

le corps sur lequel elles agissent e
plus près de leur centre. Pour ce qu
est de la proportion suivant laquel
ces forces diminuent à mesure que
distance augmente, j'avoue que je n
l'ai pas encore vérifiée... Je donne cett
ouverture à ceux qui ont assez de loi
sir et de connaissances pour cette re
cherche. »

Cette loi qu'il proposait de trouve
fut précisément celle que cherch
Newton.

Les premières idées qui donnèren
naissance à l'ouvrage de Newton, ap
pelé *Principes de la Philosophie natu
relle*, et qui renferme les preuves d
la loi de l'attraction, lui vinrent e
1666. Il se promenait seul dans un jar
din, méditant sur la pesanteur et su
ses propriétés : on dit même que ce fu
à l'occasion d'une pomme qui tomb
d'un arbre, et dont la chute lui sug
géra une série de raisonnemens qui l
conduisirent aux plus sublimes conséquences.

Son premier raisonnement portait sur un fait : c'est que cette force ne diminue pas sensiblement lorsqu'on s'élève au sommet des plus hautes montagnes. Il ajouta : « Il est donc naturel de croire qu'elle s'étend beaucoup plus loin. Et pourquoi, en s'étendant ainsi, n'irait-elle pas jusqu'à la lune ? Mais, si cela est, il faut que la pesanteur influe sur le mouvement de la lune ; peut-être sert-elle à retenir la lune dans son orbite ; et, quoique la force de la gravitation ne soit pas sensiblement affaiblie par un petit changement de distance, tel que nous ne nous en apercevons pas ici-bas, il est possible, disait-il, que dans l'éloignement où se trouve la lune, cette force soit fort diminuée.

Pour parvenir à estimer quelle pouvait être la quantité de cette diminution, Newton songea que si la lune était retenue dans son orbite par la force de la gravitation, il n'y avait pas de doute que les planètes principales ne tournassent autour du soleil en vertu de la même puissance. En comparant la pesanteur des différente planètes avec leurs distances au soleil il trouva que si une puissance semblable à celle de la gravitation les retenai dans leurs orbites, la force devait diminuer en raison inverse du carré d la distance. Il supposa donc que l pouvoir de la gravitation s'étendai jusqu'à la lune, et diminuait dans c même rapport. D'après cette premièr donnée, il calcula pour trouver si cett force, ainsi diminuée, serait suffisant pour retenir la lune dans son orbite.

Il faisait ces calculs dans des temp où il n'avait pas sous la main les livre qui lui auraient été nécessaires; et supposait, suivant l'estime commun employée par les géographes et les m rins, avant la mesure de la terre fai par Norwood, que soixante mill d'Angleterre faisaient un degré de lat tude de la terre. Mais, comme cett supposition était très - défectueuse puisque chaque degré doit contenir soixante-neuf milles et demi, le calcul ne répondit pas à son attente. Il crut alors qu'il y avait quelque autre cause jointe à la pesanteur qui agit sur la lune : il abandonna ses recherches sur cette matière.

Quelques années après, une lettre du docteur Hook lui fit rechercher quelle est la vraie courbe décrite par un corps grave qui tombe et qui est entraîné par le mouvement de la terre sur son axe. Ce fut une occasion pour Newton de reprendre ses premières idées sur la pesanteur de la lune. Picard venait de mesurer en France le degré de la terre ; et, en se servant de cette mesure, il vit que la lune était retenue dans son orbite par le seul pouvoir de la gravitation ; d'où il suivait que cette quantité diminuait en s'éloignant du centre de la terre, de la même manière que Newton l'avait autrefois conjecturé. D'après ce principe, ce grand homme trouva que la ligne décrite par la chute d'un corps était une ellipse dont le centre de la terre occupait un foyer. Or, les planètes principales décrivent aussi des ellipses autour du soleil. Il eut donc la satisfaction de voir que cette solution, qu'il avait entreprise par pure curiosité, pourrait s'appliquer aux plus grandes recherches. En conséquence, il composa une douzaine de propositions relatives au mouvement des planètes principales autour du soleil. Plusieurs années après, le docteur Halley, étant allé voir Newton à Cambridge, l'engagea, dans la conversation, à reprendre ses méditations sur ce sujet, et donna ainsi lieu au grand ouvrage des *Principes*, qui parut en 1687.

Depuis ce temps-là, les effets de cette force ont été si bien reconnus, cette attraction universelle des planètes, la tendance réciproque de l'une à l'autre, a été prouvée par les faits de tant de façons différentes ; elle se trouve dans des circonstances si éloignées ; enfin toutes les conséquences qu'on en tire sont si bien d'accord avec les phénomènes, qu'il n'est plus possible de la révoquer en doute.

Voici une énumération succincte des phénomènes observés, qui, chacun séparément, suffiraient pour prouver l'attraction, quand on ignorerait tous les autres, et qui fournissent au moins quinze espèces de preuves différentes de cette attraction universelle.

I. Le flux et le reflux de la mer, qui fournit deux fois le jour la preuve la plus palpable et la plus frappante pour tous les yeux de l'attraction lunaire, et dont tous les phénomènes s'accordent réellement avec le calcul des attractions du soleil et de la lune.

II. Les inégalités de la lune, qui dépendent visiblement du soleil.

III. Le mouvement des planètes autour du soleil, avec cette loi que les cubes des distances sont comme les carrés des temps.

IV. La figure elliptique des orbites de la lune autour de la terre, de toutes les planètes, et même des comètes autour du soleil.

V. La précession des équinoxes.

VI. La nutation de l'axe de la terre, produite par l'action de la lune.

VII. Les inégalités que Jupiter, Saturne et toutes les planètes éprouvent dans leurs différentes positions.

VIII. Les inégalités prodigieuses de la comète de 1759, dont la dernière révolution s'est trouvée de 585 jours plus longue que la précédente, suivant le calcul des attractions de Jupiter et de Saturne.

IX. L'aplatissement de Jupiter et de la terre.

X. L'attraction des montagnes sur le pendule.

XI. Le changement de latitude et de longitude des étoiles fixes.

XII. La diminution de l'obliquité de l'écliptique.

XIII. Les mouvemens des apsides

des planètes, surtout de l'apogée de la lune, qui s'observe incontestablement dans le ciel.

XIV. Le mouvement des nœuds de toutes les planètes, surtout des nœuds de la lune, qui est si considérable et si sensible, que dans neuf ans l'orbite de la lune se renverse, et qu'elle passe à 10 degrés des étoiles qu'elle couvrait auparavant.

XV. Les inégalités des satellites de Jupiter.

De ces quinze espèces de phénomènes, la plupart sont inexplicables sans le secours de l'attraction.

La pesanteur s'étend à l'infini dans l'espace; mais elle diminue à mesure que l'on s'élève au-dessus de la terre. Cette diminution est trop peu sensible à des hauteurs aussi petites que celles où nous pouvons atteindre pour être aperçue. Elle est très-considérable à la hauteur de la lune. Voici comment on l'a déterminée :

La lune, lancée une première fois

dans l'espace, par une force inconnue que l'on appelle de *projection*, se serait à l'infini éloignée de la terre, sans l'action de la pesanteur qui la retient; et il n'est pas douteux que, si cette action venait tout à coup à l'abandonner, elle s'éloignerait, et nous la perdrions de vue pour jamais.

L'effet de la pesanteur consiste donc à l'empêcher de suivre sa direction, et à la faire mouvoir autour du globe terrestre, dans une orbite presque circulaire. Or, on trouve, par un calcul fort simple, que la lune, dans l'espace d'une minute, s'est éloignée de 15 pieds et $\frac{1}{10}$, ou de 4,9035 mètres, de la direction de la tangente sur laquelle elle était au commencement de cette minute; d'où il suit que cet espace est celui que la pesanteur, pendant une minute, fait parcourir à la lune, ou, ce qui revient au même, à un corps éloigné du centre de la terre de 60 demi-diamètres terrestres.

Mais à la surface de la terre, c'est-à-dire à une distance de son centre égale à son demi-diamètre, l'expérience a fait voir que les corps parcourent, dans une minute, 3600 fois *quinze* pieds et un *dixième*. La pesanteur est donc 3600 fois moindre, à une distance 60 fois plus grande. Or, 3600 est le carré de 60 ; il est donc prouvé que la pesanteur diminue en même raison que le carré de la distance augmente : c'est ce que l'on exprime en disant, *la pesanteur est en raison inverse du carré des distances au centre de la terre.*

Les corps placés à la surface du soleil pèsent aussi vers son centre, et cette pesanteur diminue de même en raison du carré de la distance au centre du soleil. Sans l'action de cette force, les planètes, lancées dans l'espace, continueraient de s'y mouvoir uniformément en ligne droite. Mais la pesanteur, toujours subsistante, les ramène sans cesse vers le soleil, et les oblige de décrire des courbes elliptiques.

La pesanteur vers le soleil s'étend

indéfiniment dans l'espace, en dé-
croissant toujours en raison du carré
de la distance. Les comètes sont donc,
ainsi que les planètes, soumises à son
action dans tout leur cours; elles doivent conséquemment observer, dans
leurs mouvemens, les mêmes lois que
les planètes : c'est en effet ce que l'observation confirme. Toute la différence
qui se trouve entre une planète et une
comète, tient uniquement à ce que
l'ellipse du premier de ces corps est
plus alongée que celle du second; et
cet alongement est tel, qu'il permet,
ainsi que je l'ai remarqué, de regarder
comme parabolique la partie des orbites des comètes dans laquelle elles
sont visibles.

Ce que je viens de dire de l'action de
la terre sur la lune, de celle du soleil
sur les planètes et les comètes, doit
s'appliquer également à toutes les planètes. Tous les corps placés à leur surface pèsent vers leur centre, et cette
pesanteur s'étend indéfiniment dans

l'espace, en diminuant en raison du carré des distances. C'est en vertu de cette loi que les satellites de Jupiter, ceux de Saturne et d'Uranus se meuvent autour du soleil ; et les satellites, en observant leurs orbites, observent aussi la loi du carré des temps en rapport avec les cubes des distances moyennes , découverte par Keppler.

C'est une loi générale, observée par la matière, que la réaction est égale et contraire à l'action. L'aimant, parce qu'il attire le fer, en est attiré lui-même avec une égale force ; et si on le présente à un fer qui ne puisse se mouvoir, on verra cet aimant se porter vers le fer. De là vient que tous les corps qui pèsent vers le soleil, ou ce qui revient au même, que cet astre attire vers lui, l'attirent également vers eux. Mais la réaction de ces corps, se répartissant sur une masse excessivement grande relativement à eux, n'y doit occasioner qu'un déplacement presque insensible.

Toutes les planètes, supposées à une égale distance du soleil, se porteraient vers lui avec la même vitesse. Leur pesanteur sur cet astre est proportionnelle à leur masse. Leur réaction sur lui, et par conséquent le petit effort qu'il fait pour se mouvoir vers chacune d'elles, est donc en raison de leurs masses. Et comme la sphère d'activité de l'attraction de cet astre s'étend à l'infini dans l'espace et embrasse la nature entière, on voit que tous les corps de la nature, et jusqu'aux molécules insensibles de la matière, s'attirent en raison directe de leur masse, et en raison inverse du carré de la distance.

Il existe donc, non-seulement entre les grands corps qui se meuvent dans l'espace, mais encore entre leurs plus petites parties, une *gravitation* ou *attraction* universelle ; de manière qu'à la surface du globule le plus petit que l'on puisse imaginer, il y a, comme à la surface du soleil et à celle de la terre, une force de pesanteur qui s'étend à l'infini, en diminuant en raison du carré des distances.

La pesanteur ou attraction est donc un effet général, démontré par les observations, susceptible d'être soumis à tous les calculs de la théorie; effet dont tous les phénomènes célestes dépendent, et dont nous sentons à chaque instant l'influence à la surface de la terre.

Puisqu'un corps attire d'autant plus fortement ceux qui l'environnent, qu'il renferme plus de matière, on peut déterminer sa masse par la force de son attraction. C'est ainsi que l'on est parvenu à connaître les rapports des masses du soleil, de la terre, de Jupiter, de Saturne, etc.

C'est l'action de la pesanteur qui donne à tous les corps le poids que nous leur trouvons et dont on a composé des séries pour la facilité du commerce; c'est elle qui fait mouvoir le pendule et cause ses oscillations.

Mais par la raison que la pesanteur est plus ou moins grande, selon que le corps qui la cause renferme plus ou moins de matière, il s'ensuit que les différens corps célestes agiraient différemment sur le même corps, s'il pouvait être alternativement transporté à leur surface.

Tous les corps célestes agissant les uns sur les autres en vertu de leurs attractions réciproques, on voit que les planètes ne doivent pas se mouvoir exactement autour du soleil, comme elles le feraient si elles n'obéissaient qu'à leur pesanteur sur cet astre. A la vérité, la masse du soleil étant incontestablement plus grande que celle des planètes, et sa force attractive infiniment plus puissante que la leur, il rend infiniment insensible l'effet de leurs attractions réciproques.

Mais dans ce siècle où, d'un côté la précision des observations, de l'autre, les méthodes de l'analyse, ont été portées à un très-grand degré de per fection, on n'a pas négligé ces petits dérangemens, et on les a soumis à des calculs très-précis. Les méthodes qu'il a fallu imaginer pour y parvenir, sont peut-être ce qui fait le plus d'honneur aux plus grands géomètres de ce siècle.

La lune, en vertu de sa pesanteur vers la terre, décrirait une ellipse dont le centre de cette planète occuperait le foyer. Mais, en même temps qu'elle pèse vers la terre, elle pèse aussi vers le soleil, qui l'attire à lui.

Si le soleil attirait également la lune et la terre, le mouvement de ce satellite autour de la terre n'en serait pas troublé, puisque l'une et l'autre obéiraient, d'un mouvement commun, à l'attraction du soleil.

Mais la lune étant tantôt plus près, tantôt plus loin du soleil que la terre, et se trouvant sur des rayons différens, on voit que l'attraction du soleil doit agir différemment sur l'une et sur l'autre, et qu'ainsi il doit en résulter des inégalités très-sensibles dans le mou-

vement de la lune : c'est ce qui fai
que ce satellite ne décrit pas un cercl
ni une ellipse, mais une courbe entiè
rement différente.

Pour déterminer cette courbe, i
fallait rechercher, par les principe
de la mécanique et par des méthode
très-exactes, ou du moins très-appro
chées, quelle était, à chaque instant
la position de la terre et celle de l
lune, par rapport au soleil, en sup
posant que ces trois corps s'attirent e
raison *directe* des masses, et *invers*
du carré des distances. C'est le célèbr
problème connu sous le nom de *pro*
blème des trois corps.

La solution de cet important pro
blème a conduit, non-seulement à ex
pliquer toutes les irrégularités d
mouvement de la lune, mais encore
former des tables très-exactes de c
satellite, au moyen desquelles on peut
à chaque instant, déterminer la posi
tion par rapport à la terre.

De même que la lune est troublé

ar l'action du soleil, dans son mou-
ement autour de la terre, chaque
lanète est aussi troublée dans sa ré-
olution par l'action des autres pla-
ètes; obéissant, autant qu'il est pos-
ble, à ces différentes attractions,
le ne décrit pas exactement une el-
pse, et n'observe pas d'une manière
xacte les lois de Keppler. Les petites
ifférences qui en résultent sont ce
ue l'on nomme *perturbation* du mou-
ement des planètes. C'est à cette at-
action réciproque de toutes les pla-
ètes, que l'on doit attribuer le mou-
ement de leurs aphélies et celui de
urs nœuds.

Les comètes sont également soumi-
s à l'action des planètes, ainsi qu'à
ur action mutuelle. Mais les masses
e Jupiter et de Saturne étant consi-
érablement plus grandes que celles
es autres corps célestes, c'est princi-
alement à leur attraction que l'on a
gard dans le calcul des perturbations
es comètes. Sans les dérangemens

occasionés par ces deux grosses pla
nètes, et peut-être par d'autres qu
nous ne connaissons pas au-delà d'U
ranus, une comète reviendrait, à trè
peu de chose près, dans le même in
tervalle de temps, à son périhéli
Mais l'attraction de ces deux corp
change sensiblement, d'une révolutio
à l'autre, la position du périhélie
tous les autres élémens de l'orbite
la comète, et surtout le temps de
période, ou l'intervalle de temps qu
s'écoule d'un passage au passage sui
vant par le périhélie.

Enfin les attractions réciproqu
des satellites de Jupiter et celle du so
leil sur ces différens corps, occasion
nent, dans leurs mouvemens, des per
turbations qui ont rendu très-difficil
la formation des tables de ces satelli
tes. On est parvenu cependant à e
faire d'excellentes, uniquement e
comparant entre elles un très-gran
nombre d'observations.

Lorsque l'on a ensuite appliqué à ce

perturbations la théorie de la gravitation universelle, les inégalités que l'on avait tirées de la comparaison des observations, se sont non-seulement trouvées conformes aux résultats de cette théorie, mais elle les a fait connaître encore d'une manière beaucoup plus précise.

L'attraction du soleil, s'étendant à l'infini dans l'espace, doit agir sur les étoiles, qui agissent également sur lui. Tous ces grands corps s'attirent réciproquement, suivant la même loi que les corps de notre système planétaire. Mais en même temps que leur distance prodigieuse diminue l'effet de leur attraction, elle le rend beaucoup moins sensible pour nous; cependant les mouvemens observés dans *Arcturus* et dans quelques autres étoiles de la première grandeur, ne permettent pas de douter qu'elles ne décrivent des courbes très-composées et dépendantes des attractions que chacune d'elles éprouve de la part des autres.

Mais ce ne sera que dans un grand nombre de siècles, et par une longue suite d'observations très-précises, que l'on pourra parvenir à savoir quelque chose sur la nature de ces mouvemens.

Du Flux et du Reflux de la mer.

Je croirais omettre un article important, si je négligeais de parler ici d'un phénomène journalier que le spectacle de la mer nous offre constamment sur nos côtes ; c'est pour cela que j'en ai fait l'objet d'un article particulier.

On appelle *flux* et *reflux* le mouvement des eaux de la mer, en vertu duquel ces eaux s'élèvent et s'abaissent deux fois en 24 heures.

Les eaux recouvrant une grande partie de la surface de la terre, éprouvent, de la part du soleil et de la lune, une attraction plus ou moins forte , suivant qu'elles en sont plus ou moins éloignées. Cette différence d'attraction doit nécessairement troubler leur équilibre et les tenir dans une agitation continuelle.

Le premier des Grecs qui fit attention à la cause des marées, fut Pythéas, de Marseille, qui vivait environ 320 ans avant notre ère. Il disait que la pleine lune cause le flux, et son décours le reflux. Il ne se trompait pas en attribuant ce phénomène à la lune, mais il était loin d'en connaître la véritable cause. En général, les Grecs étaient peu instruits à cet égard.

« Le flux et le reflux de la mer est un des phénomènes les plus frappans de l'attraction, dit Lalande. Tous les jours, au passage de la lune par le méridien, ou quelque temps après, on voit les eaux de l'océan s'élever sur nos rivages. On assure qu'à Saint-Malo cette élévation va jusqu'à cinquante pieds. Parvenues à cette hauteur, les eaux se retirent peu à peu, et, environ six heures après leur plus grande élévation, elles sont à leur plus

grand abaissement ; après quoi elles
remontent de nouveau, lorsque la lune
passe à la partie inférieure du méridien ; en sorte que la haute - mer et la
basse-mer, le *flot*, le *jusant*, s'observent deux fois le jour, et retardent,
chaque jour, de 48 minutes, plus ou
moins, comme le passage de la lune
au méridien.

« Outre ce phénomène, qui revient
deux fois le jour, il y en a deux autres
très-remarquables : l'un, qui revient
deux fois le mois ; l'autre, deux fois
l'année.

« Le phénomène qui revient deux
fois le mois, consiste en ce que les marées augmentent sensiblement au temps
des nouvelles lunes et des pleines lunes
(syzygies), ou un jour et demi après ;
et cette augmentation est surtout très-
sensible quand la lune est périgée.

« Le troisième phénomène des marées est l'augmentation qui arrive
vers les deux équinoxes ; en sorte que
le cas où les marées sont les plus fortes

de toutes, est celui d'une syzygie périgée, qui arrive dans le temps de
l'équinoxe : car c'est dans ces sortes de
syzygies, c'est-à-dire quand la lune
est plus près de la terre, qu'elle attire
avec plus de force.

« Les corps terrestres solides sont
bien attirés également par la lune ;
cependant ils ne changent pas de place,
parce qu'une petite diminution de pesanteur ne suffit pas pour les déplacer ;
mais on sent que la lune, passant au
méridien, peut soulever les eaux de la
mer, et y faire comme une bosse ou
une pointe.

« On a plus de peine à comprendre
comment il s'en fait une du côté opposé ; mais comme les eaux montent
d'un côté, parce qu'elles sont attirées
plus que la terre, elles montent de
l'autre côté, ou plutôt elles restent en
arrière, ce qui produit le même effet,
par rapport à nous, que si elles s'éle-
vaient. Supposons, par exemple, une
espèce de déplacement de la terre, qui

serait de 5 pieds pour le centre, de 7 pieds pour les eaux qui sont du côté du soleil, et de 3 pieds seulement pour celles qui lui sont opposées; je l'appelle déplacement, relativement à l'état où serait la terre avec les eaux, si tout était attiré avec la même force; alors les eaux paraîtront s'élever de deux pieds par rapport à la terre, soit d'un côté, soit de l'autre; c'est-à-dire vers la lune, et vers le côté qui lui est opposé.

« Le soleil cause une partie de l'élévation des marées ; voilà pourquoi elles sont plus grandes dans les nouvelles que dans les pleines lunes, parce qu'alors les deux astres attirent ensemble et produisent le même effet; mais quand la lune est en quartier, le soleil détruit environ un tiers de son effet. Par exemple, à Brest, les marées moyennes sont de 18 pieds 2 pouces dans le premier cas, et 18 pieds 5 pouces dans le second. Ainsi le soleil produit 4 pieds 11 pouces de marée, et la lune 13 pieds 4 pouces. Mais l'effet de la lune augmente de 2 pieds et demi quand elle est plus près de la terre, et diminue d'autant quand elle est dans son plus grand éloignement, ce qui augmente quelquefois d'autant les plus grandes marées, et diminue les petites. On a vu des marées aller même jusqu'à 23 pieds, à Brest; mais alors c'est un effet du vent, qui déplace et transporte la masse totale des eaux d'environ un pied et demi plus haut ou plus bas que l'état naturel de la mer en temps de calme.

« Les circonstances locales produisent de grandes différences dans les marées; elles ne sont que de 3 pieds dans les mers libres; mais elles vont jusqu'à 40 ou 50 pieds à Saint - Malo, parce que les eaux y sont retenues par un canal trop étroit, arrêtées dans un golfe, et réfléchies ou répercutées encore par les côtes de l'Angleterre.

« Des circonstances pareilles font que la pleine mer n'arrive pas dans le temps même où la lune est au plus haut du ciel ou le plus près de notre tête. Le frottement des côtes et du fond de la mer, la ténacité et l'adhérence des parties de l'eau, sont autant d'obstacles qui la retardent. Au cap de Bonne-Espérance, il faut deux heures et demie pour que la mer soit à son plus haut ; sur les côtes de Gascogne, trois heures ; à Saint-Pol-de-Léon, en Bretagne, quatre heures ; à Saint-Malo, six heures ; au Havre-de-Grâce, neuf heures ; à Boulogne, onze heures ; à Dunkerque et à l'embouchure de la Tamise, douze heures ; en sorte que le jour de la nouvelle lune, la pleine mer, qui devait arriver à midi, arrive à minuit, parce qu'il a fallu douze heures à l'Océan pour se répandre sur les côtes, pour franchir la Manche ou le détroit de Calais, et arriver à Dunkerque. Le flot fait environ vingt lieues par heure sur nos côtes.

« Quand on a une fois l'heure de la pleine mer pour le jour de la nouvelle lune et de la pleine lune, il est facile de l'avoir pour tous les jours suivans, puisqu'on sait qu'elle retarde comme la lune de trois quarts d'heure par jour, ou 48 minutes.

« Les marées sont moins sensibles dans les petites mers, parce que le volume d'eau ne suffit pas pour en rassembler de loin une quantité qui soit remarquable. L'effet de la lune étant très-petit sur chaque partie, il en faut une grande quantité pour que l'effet soit sensible. A Toulon, qui est sur la mer Méditerranée, il n'y a qu'environ un pied de marée : elle arrive trois heures après le passage au méridien ; mais pour peu que le vent soit fort, il produit des différences plus grandes que l'effet des marées, et les rend méconnaissables ; aussi dit-on, en général, qu'il n'y a point de marée dans la Méditerranée. Cependant, au fond du golfe Adriatique, où les eaux sont arrêtées et obligées de s'élever, on aperçoit très-bien l'effet de la marée deux fois le jour. »

Ainsi, lorsque la lune et le soleil sont en *conjonction* et en *opposition* (ce qui arrive dans les nouvelles et les pleines lunes), les marées doivent être les plus grandes, et elles doivent être les plus petites lorsque ces deux astres sont à 90 degrés de distance l'un de l'autre ; ce qui arrive dans les *quadratures*.

Dans les distances intermédiaires, la marée est plus forte dans les *quartiers*, et plus faible que dans les *pleines* et *nouvelles* lunes. Le point de la terre où la plus grande élévation des eaux a lieu n'est pas exactement celui qui est directement au-dessous de la lune ; ce doit être un point intermédiaire entre le soleil et la lune, mais plus près de la lune que du soleil, parce que l'action de la lune, pour produire des marées, est d'environ deux fois plus considérable que l'action du soleil, par la même raison que la première de ces deux actions influe deux fois plus que la seconde sur la précession des équinoxes.

Maintenant si l'on compare aux observations ce qui vient d'être dit d'après la théorie, on trouvera le plus parfait accord, surtout si l'on a soin de faire entrer dans le calcul toutes les circonstances essentielles.

Méthodes pour déterminer les Longitudes.

La détermination de la longitude est un des objets les plus importans de la géographie : elle présente beaucoup plus de difficultés que celle de la latitude.

On en sentira aisément la différence en réfléchissant que, pour mesurer la latitude, on n'observe que l'équateur ou le pôle, objets absolument bien distincts, et aisés à trouver pour les observateurs ; au lieu que la longitude déterminant la distance où l'on est d'un méridien convenu, rien n'indique au ciel la position de ce méridien. Il n'y avait donc de moyen que de savoir quelle heure différente donne le soleil, dans un seul et même instant, afin de s'assurer par la différence des heures de celle des degrés. On part de ce principe, que le soleil, paraissant parcourir en vingt-quatre heures les 360 degrés qui divisent la surface du globe dans le sens de l'est à l'ouest, il lui faut une heure pour en parcourir quinze.

Imaginons à Brest une montre bien réglée sur le mouvement moyen du soleil, laquelle par conséquent marque le temps moyen ; il est clair que le mouvement du soleil étant bien connu par les excellentes tables que l'on a construites, si l'on observe une heure que marque la montre lorsque le soleil passe au méridien un jour déterminé, on sera en état d'en conclure l'heure qu'elle marquera à midi pour tous les jours de l'année.

Supposons qu'on embarque sur un

vaisseau cette montre, et qu'elle ne se dérange pas durant la route, lorsqu'elle sera arrivée dans un lieu quelconque, par exemple à Cadix, elle marquera toujours la même heure que si elle fût restée à Brest. Supposons ensuite que l'on observe à Cadix l'heure qu'y marquera la montre lorsque le soleil passe au méridien, et que la montre marque midi sept minutes deux secondes; comme il est midi à Cadix lorsque l'on fait cette observation, il est évident que cette ville a son midi, sept minutes deux secondes plus tard que Brest; ce qui fait conclure, 1° que Cadix est à l'ouest du méridien de Brest; 2° comme le soleil parcourt 360 degrés en vingt-quatre heures, et 15 degrés dans une heure, il doit parcourir 1 degré 45 minutes 30 secondes en sept minutes deux secondes. Nous devons conclure encore que Cadix a une longitude plus occidentale que Brest de 1 degré 45 minutes 30 secondes.

C'est ainsi que l'on se conduirait

pour tout autre point pris sur la surface du globe, soit à l'occident, soit à l'orient du méridien de Paris.

On voit par là que si l'on avait une excellente montre, qui ne se derangeât pas sur un vaisseau, malgré les différens mouvemens de tangage et de roulis, cette horloge, une fois bien réglée dans le lieu du départ, servirait pendant tout le voyage à reconnaître, pour chaque instant, la longitude du lieu où se trouve le vaisseau. Comme on peut avoir la latitude par différentes méthodes, on aurait alors, avec beaucoup de précision, sa position précise sur la vaste étendue des mers, et sa distance aux différens lieux connus de la terre.

On sent par là toute l'importance de l'invention de semblables montres pour le service de la marine, et l'on ne doit pas être surpris des encouragemens que les gouvernemens ont donnés aux artistes pour cet objet. Harrison, en Angleterre, Julien Le Roy (le fils), Ferdinand Berthoud, Breguet, en France, s'en sont occupés avec le plus grand succès. Les montres marines qu'a construites ce dernier artiste, même celles qui n'excèdent pas le volume des montres ordinaires, ont un degré de perfection que l'on aurait à peine osé attendre, et qui semble être le dernier terme de la perfectibilité.

Voici comme on peut suppléer aux montres marines. Supposons, par exemple, qu'à Brest et à Cadix on observe un phénomène qui puisse être aperçu à la fois de ces deux villes, tel qu'une éclipse de lune ou celle d'un satellite de Jupiter. La longitude de ces deux villes étant différente, on n'y comptera pas la même heure, lorsqu'on observera le commencement de l'éclipse. Ainsi, Cadix étant à l'ouest de Brest, si ce phénomène arrive à Brest à 11 heures 18 minutes 2 secondes du soir, on l'observera à Cadix à 11 heures 1 minute. De là on conclut que le midi a lieu à Brest 7 minutes 2 secondes plus tôt qu'à Cadix; d'où l'on trouve que la différence en longitude de Cadix et de Brest est d'un degré quarante-cinq minutes trente secondes.

On peut aussi s'assurer du lieu où est la lune par rapport à une étoile. Si, par exemple, elle est à 45 degrés d'une étoile, lorsqu'il est six heures du matin, dans le lieu où est le vaisseau, on consulte les Éphémérides. Si l'on y voit que cette même distance de la lune à la même étoile doit avoir lieu à minuit exactement, il s'ensuit que la longitude est de 90 degrés. La position de la lune apprend qu'il est minuit à Paris; on voit d'ailleurs qu'il est six heures sur le vaisseau. Cette différence de six heures indique le quart de cercle pour la longitude.

On fait aussi usage des éclipses de soleil pour déterminer la longitude. A la vérité, le commencement et la fin de ces éclipses n'ont pas lieu en même temps pour les différens points de la terre; ce qui fait que le calcul nécessaire pour en conclure la longitude est beaucoup plus compliqué pour les éclipses de soleil que pour celles de lune. Mais les premières ont ce grand avantage, c'est que l'on peut observer, avec une grande précision, leur commencement et leur fin; ce qui n'a pas lieu pour les secondes.

Ces différentes manières de déterminer la longitude en deux endroits, supposent que l'on a des observations correspondantes faites en deux endroits; elles ne peuvent par conséquent servir à déterminer la longitude d'un vaisseau sur mer. Cependant les observations de la lune sont un des moyens de nous faire connaître cette longitude. Je vais joindre un nouvel exemple à ce que j'en ai dit précédemment.

On observe d'abord les distances de la lune à deux étoiles, et le temps qui s'est écoulé depuis que le soleil a passé par le méridien du vaisseau jusqu'à l'instant de l'observation. Je suppose que ce soit 4 heures 17 minutes.

On calcule, au moyen de cette observation, la position de la lune dans
son orbite, relativement à un specta-
teur placé au centre de la terre. Les
tables de la lune que l'on consulte ensuite, donnent ce que l'on compte
à Paris lorsque cette même position a
lieu. Je suppose que ce soit 6 heures
25 minutes; on compte par conséquent
sur le vaisseau 4 heures 17 minutes,
tandis qu'il est à Paris 6 heures 25 minutes; d'où l'on conclut que le midi
arrive à Paris plus tôt que dans le lieu
où est le vaisseau de 2 heures 8 minutes. Or, le soleil paraissant décrire
32 degrés en 2 heures 8 minutes, l'angle formé par le méridien de Paris et
celui du vaisseau, ou, ce qui revient
au même, la différence de longitude
de Paris et du vaisseau, est donc de
32 degrés, le vaisseau étant à l'occident de Paris.

On voit par là que l'exactitude de
cette détermination dépend, 1° de la
précision des instrumens dont on s'est

servi pour observer la lune, et du talent de l'observateur ; 2° de la justesse des tables de la lune. Ces tables ont été portées à un grand degré de perfection, depuis que, la théorie de Newton ayant été généralement admise, les géomètres ont soumis au calcul les irrégularités du mouvement de la lune.

Tracer une ligne méridienne.

Il faut commencer par s'assurer si le plan sur lequel on veut tracer cette ligne, est véritablement horizontal. Pour cet effet, au défaut de tout autre niveau, on peut verser de l'eau sur ce plan, et le redresser, jusqu'à ce que l'on voie que l'eau n'incline d'aucun côté ; après quoi, il s'agira de chercher la ligne méridienne.

Cette ligne a pour objet de marquer l'instant précis où le centre du soleil passe à notre méridien, c'est-à-dire à la ligne droite qui tend du sud au nord, en passant par notre zénith, et qui partage pour nous la sphère en deux parties parfaitement égales, l'une orientale, l'autre occidentale. Or, comme le soleil, du moment qu'il paraît sur l'horizon, s'élève par degrés jusqu'à ce qu'il soit parvenu, à midi, au plus haut point du ciel, et qu'ensuite il redescend avec la même vitesse, et, à peu de chose près, dans le même temps qu'il a employé à s'élever jusqu'au méridien, il s'ensuit qu'on peut employer deux manières pour parvenir à tracer une méridienne.

La première consiste à examiner le moment où le soleil cesse de monter et où les ombres sont les plus courtes ; alors l'ombre d'un style, placé verticalement, ou celle d'un fil à plomb, indiquera le méridien, et formera ce que nous appelons une ligne méridienne. Le difficile, dans l'usage de cette méthode, est de saisir le moment précis de la plus grande hauteur du soleil. Aux environs de midi, le progrès est si lent, si insensible, qu'il faut une extrême précision pour obtenir une observation exacte : c'est pourquoi il sera bon de recourir à une seconde manière.

Elle consiste à remarquer l'ombre du soleil levant et l'ombre du soleil couchant. Ces deux ombres sont aussi éloignées du méridien l'une que l'autre ; ainsi, le milieu de ces deux ombres doit donner le point du midi. Mais, pour pratiquer cette méthode, il faut avoir un horizon extrêmement découvert, et, de plus, supposer que la déclinaison du soleil ne change pas, au moins sensiblement, dans l'intervalle de temps qui s'écoule entre les deux ombres ; ce qui n'est vrai qu'aux solstices, et environ huit à dix jours avant et après. Dans d'autres temps, cette déclinaison du soleil, calculée pour 10 heures de temps, peut être, dans nos climats, depuis 20 jusqu'à 46 minutes, dont il faut tenir compte pour tracer une méridienne avec exactitude. Ceux qui désireront avoir là-dessus une règle juste, pourront consulter les tables qui se trouvent dans presque tous les livres élémentaires d'astronomie.

Comme il n'est guère possible de marquer au juste les ombres du soleil levant et du soleil couchant, à cause des inégalités qui se trouvent dans l'horizon visuel, on y remédie en y substituant deux autres points, qui soient aussi élevés l'un que l'autre, l'un avant midi et l'autre après.

Pour cet effet, on décrit d'abord du centre du plan une circonférence ou cercle, ensuite un arc concentrique à cette circonférence. On pose au centre un style perpendiculaire qui ait environ un pied de hauteur, et dont l'extrémité supérieure soit une pointe émoussée, afin que son ombre puisse être remarquée. A l'égard de la circonférence décrite, il faut qu'elle soit assez éloignée du centre pour que l'ombre aille juste s'y terminer deux ou trois heures avant midi. On observera le moment où l'ombre du matin touchera un point de la circonférence ; l'après - midi, on observera également le moment où l'ombre du soir touchera un autre point de cette même circonférence. Il est évident que, dans ces deux instans, la hauteur du soleil a été la même, et, par conséquent, que ces deux ombres sont également éloignées du méridien : en divisant donc en deux parties égales l'intervalle qui existe entre ces deux ombres, on aura le point juste du midi ; et en tirant une ligne droite du pied du style à ce point, on aura la méridienne.

Solution de quelques Problèmes d'astronomie.

Au moyen d'un globe céleste, on fait plusieurs opérations qui servent à démontrer les vérités que nous venons d'exposer. Nous n'en présenterons ici que quelques - unes, seulement pour faire connaître la manière d'opérer. Les problèmes où se trouve cette marque * ne peuvent se résoudre qu'en élevant le globe horizontalement pour le lieu proposé.

Premier problème.

Déterminer les étoiles qui peuvent paraître sur l'horizon d'un lieu quelconque, de Lyon par exemple ; celles qui ne se couchent jamais, celles qui passent au zénith *.

J'élève le pôle arctique d'autant de degrés que Lyon en a de latitude, c'est-à-dire, de 45°, 46 ; puis je fais tourner le globe céleste. Toutes les étoiles qui paraîtront sur l'horizon du globe, paraîtront aussi sur celui de Lyon ; celles qui seront à moins de quarante - cinq degrés quarante-six minutes du pôle, ne se coucheront jamais ; enfin celles qui en seront éloignées de quarante-quatre degrés quatorze minutes, passeront au zénith de Lyon.

Deuxième problème.

Trouver l'ascension droite et oblique, et la déclinaison d'un astre, par exemple de Sirius.

L'ascension droite d'un astre est l'arc compris entre le point de l'équinoxe du printemps et le degré de l'équateur qui se trouve dans le méridien au même temps que l'astre : j'amène donc Sirius sous le méridien ; le degré de l'équateur qui y répond en même temps, marque 99°, ascension droite de Sirius.

L'ascension oblique est l'arc compris entre le même point de l'équinoxe et le degré de l'équateur qui se lève en même temps que l'astre : je place donc Sirius dans l'horizon ; le degré de l'équateur qui y répond en même temps, marque 117°, ascension oblique de Sirius.

La déclinaison d'un astre est sa distance à l'équateur : je place donc Sirius sous le méridien, et je lui trouve 16° 30′ de déclinaison méridionale.

Troisième problème.

Trouver quelle est, à une heure et pour un lieu quelconque, l'ascension droite du méridien ou du milieu du ciel; c'est-à-dire quelles sont les étoiles qui passent alors au méridien, par exemple le 24 octobre, lorsqu'il est 8 heures du soir.

Le lieu du soleil, ce jour-là, est le premier du Scorpion, auquel je trouve 208° d'ascension droite. Je compte depuis ce point, sur l'équateur d'occident en orient, huit fois 15° ou 120°; je tombe au 328me degré, que je place sous le méridien : toutes les étoiles qui s'y trouvent alors, sont celles qui y doivent passer à huit heures du soir, puisqu'elles sont ce jour-là de 120° plus orientales que le soleil.

Quatrième problème.

Trouver à quelle heure Sirius ou toute autre étoile passe au méridien, un jour proposé.

Je cherche, par le second problème, l'ascension droite du soleil, puis celle de Sirius ou de toute autre étoile, et j'en prends la différence que je compte d'occident en orient, depuis le soleil jusqu'à l'astre : cette différence, réduite en heures, me donne celle du passage de l'astre au méridien. Si la différence était de plus de douze heures, elle indiquerait le passage de l'astre pour le lendemain ; et le passage pour le jour proposé, aurait eu lieu quatre minutes plus tard, parce que le soleil gagne tous les jours environ un degré d'ascension droite.

Cinquième problème.

Déterminer l'heure du lever ou du coucher d'un astre, pour un jour et un lieu proposés *.

Je cherche, par le problème second, l'ascension oblique du soleil, puis celle de l'astre · j'en prends la différence (problème IV), qui, réduite en heures, me donne celles qui s'écouleront entre le lever ou le coucher du soleil, et le lever ou le coucher de l'astre.

Sixième problème.

Trouver quel jour une étoile passe au méridien, à une heure fixée, par exemple, à dix heures du soir.

Je prends l'ascension droite de l'étoile, puis je cherche quel est le point de l'écliptique qui a 150° de moins d'ascension droite : ce point sera le lieu du soleil, puisqu'il passera au méridien dix heures avant l'étoile , c'est-à-dire à midi. Or, il est facile de trouver à quel jour de l'année répond tel point de l'écliptique que l'on voudra. Il suffit de chercher, dans le grand cercle horizontal, les deux divisions correspondantes des signes et des mois.

Septième problème.

Trouver quelles sont les étoiles qui s'élèvent, celles qui se couchent, celles qui sont dans le méridien, pour un lieu et un jour quelconques, et pour tel temps que l'on voudra, après le coucher ou avant le lever du soleil *.

Je place le lieu du soleil, pour ce jour-là, dans l'horizon oriental, s'il est question du lever; puis je fais tourner le globe vers l'orient, d'autant de fois 15° qu'on a fixé d'heures avant le lever du soleil : s'il est question du coucher, je place le lieu du soleil dans l'horizon occidental, et je fais tourner le globe vers l'occident, d'autant de fois 15° qu'on a fixé d'heures après le

coucher du soleil. Dans l'un et l'aut[re]
cas, l'horizon et le méridien du glob[e]
céleste me désignent les étoiles cher-
chées, et, en général, toute la situation du ciel; de sorte que, si je pla[ce]
alors le globe sur une méridienne, [je]
verrai les constellations du ciel r[é-]
pondre exactement à celles qui so[nt]
dessinées sur le globe.

Huitième problème.

Trouver l'heure qu'il est pendant [la]
nuit, par le moyen des étoiles.

J'observe quelles sont les étoiles q[ui]
passent alors au méridien, puis [je]
cherche, par le problème IV, à que[lle]
heure elles ont dû y passer; ou bi[en]
j'examine quelque étoile qui se lève [ou]
se couche alors; puis je cherche, p[ar]
le problème V, à quelle heure ell[e a]
dû se lever ou se coucher.

Neuvième Problème.

Trouver le jour du lever et du coucher *héliaque* de Sirius pour Lyon.

Lorsque le soleil, dans sa course annuelle, après avoir traversé une constellation, en est assez loin pour se lever environ une heure plus tard, la constellation commence à paraître le matin en se levant avant le soleil; c'est ce qu'on appelle son lever *héliaque*. De même le coucher *héliaque* arrive lorsque le soleil s'approchant de la constellation, celle-ci cesse d'être aperçue le soir dans l'occident après le coucher du soleil. Une étoile de la première grandeur peut s'apercevoir le matin à son lever, ou le soir à son coucher, pourvu que le soleil soit à 12° au-dessous de l'horizon.

Cela posé, pour résoudre le problème, je place Sirius dans l'horizon oriental, et j'examine quel est le degré de l'écliptique situé verticalement à 12° sous l'horizon : c'est le seizième du Tau-

reau , où le soleil se trouvera le 7 mai,
jour du coucher héliaque de Sirius.

Les anciens auteurs parlent très-souvent du coucher et du lever héliaque
des étoiles.

Nous ne parlons point du tout des
problèmes relatifs au globe terrestre ;
ceux-là nous paraissent devoir regarder plutôt la géographie.

Notice de différens termes usités dans la Marine.

L'art ou la science propre à diriger
la route d'un vaisseau, s'appelle *pilotage*. Il y en a de deux sortes : le *cabotage*, et la *navigation hauturière*.

Le cabotage consiste à aller de cap
en cap, ou le long des côtes, sans perdre la terre de vue. Il exige la connaissance détaillée des côtes, des rades, des havres, des rivières, des
écueils, des sondes, des courans, des
marées, etc.

La navigation hauturière est celle

qui se fait en pleine mer, et hors de la vue des côtes. Elle est ainsi nommée à cause de l'usage que l'on fait de la hauteur des astres pour se guider. On rapporte ensuite ces observations sur des cartes, où sont marquées les positions respectives des différentes parties du globe terrestre, afin de déterminer par là le lieu où l'on est et la route qu'on doit tenir pour achever sa course.

Voici l'explication alphabétique des termes les plus usités dans la marine :

Affourcher, c'est arrêter un vaisseau sur deux ancres opposées.

Amarrer, c'est tirer ou attacher quelque chose avec des cordages On appelle *amarre* la corde qui sert à cet usage. Un vaisseau qui a mouillé ses trois ancres *a ses trois amarres*.

Amariner, signifie mettre dans un vaisseau ce qu'il faut d'hommes et de munitions pour le défendre.

Amener, c'est baisser quelque chose.

Arrimer, c'est arranger avec ordre le lest, les livres et la cargaison.

Arrisser, se dit pour amener. *Arisser les voiles*, c'est les abaisser ou les amener.

Arriver, c'est obéir au vent en l'éloignant de la ligne du plus près. *Arrive, n'arrive pas, arrive tout*, sont divers commandemens qui regardent le timonnier, et qui signifient différentes manières de gouverner vers le vent.

Artimon, mât de l'arrière, ou le plus près de la poupe.

Avarie, perte ou dommage qu'un vaisseau essuie dans un voyage de long cours.

Balise, tonneau vide, ou perche qu'on attache près des rochers ou des bancs de sable pour avertir les navigateurs du danger.

Banquise; c'est un amas de glaces moyennes et flottantes.

Barbeyer; c'est lorsque le vent ne fait que raser la voile sans la remplir.

Bas-bord, côté gauche du vaisseau en regardant l'avant.

Basse, danger à fleur d'eau, ou en-droit dans lequel il n'y a pas assez d'eau pour naviguer.

Bâtarde, nom de la plus grande voile d'une galère.

Bature, danger sous l'eau.

Beaupré, nom d'un des mâts d'un grand vaisseau. C'est celui qui est le plus avancé sur la proue, et couché sur l'éperon.

Berne, se dit d'un pavillon : *le mettre en berne*, c'est l'arborer pour donner ordre aux vaisseaux inférieurs de venir à bord.

Bouée et *bonneau*, pièce de bois ou tonneau qu'on laisse flotter sur l'eau, pour indiquer l'endroit où l'ancre est mouillée, et pour indiquer aux bâti-mens qui arrivent dans les ports la direction qu'ils doivent suivre.

Bouline, longues cordes qui tien-nent la voile de biais, lorsqu'on fait route avec un vent de côté. Aller à la bouline, c'est se servir d'un vent qui n'est pas favorable à la route.

Brasse, mesure de cinq pieds.

Brisans, rochers ou autres écueils sur lesquels la mer se brise.

Brûlot, bâtiment chargé d'artifices et de matières inflammables pour aller mettre le feu à des vaisseaux ennemis.

Brume, brouillard épais.

Câblure, longueur d'un câble qui doit être toujours de cent vingt brasses.

Cajoler, faire route au travers par le moyen d'un courant ou de la marée.

Carène, longue pièce de bois qui fait le fondement d'un vaisseau.

Carèner, *chaupper*, *calfater*, c'est boucher les fentes d'un vaisseau avec des planches, des étoupes, du goudron, et l'enduire dans toute sa partie qui doit entrer dans l'eau.

Cargue, nom de quantité de manœuvres et d'instrumens qui servent à rapprocher les voiles près des vergues. *Carguer la voile*, c'est la serrer et la trousser par le moyen des cargues

Chaloupe, bâtiment qui sert à porter le câble, l'ancre, et peut être employé à d'autres usages.

Chenal, courant d'eau bordé de terre, où les vaisseaux peuvent passer. On dit *chenaler* pour chercher en mer un pareil passage.

Compas de route; c'est la boussole.

Corps-mort, point fixe à terre et en mer pour amarrer un bâtiment.

Coup de mer, grosse vague qui brise contre le bâtiment.

Dégradé, se dit d'un bâtiment que la force du vent a éloigné de la terre.

Désafourcher, c'est lever une des ancres.

Drisse, cordage qui sert à hisser.

Échars, se dit des vents faibles qui changent subitement d'un rhumb à l'autre.

Échouer, c'est toucher et rester en un endroit faute d'eau pour faire flotter le bâtiment.

Embarder, faire avancer son vaisseau d'un côté ou d'un autre, pour éviter la rencontre d'un autre vaisseau.

Éperon, partie du vaisseau qui s'avance la première.

Flot ou *flux*, marée montante.

Flûte, espèce de bâtiment de charge, plat de varangue, et rond par le derrière.

Foch, voile triangulaire qui est en avant.

Galhauban, nom de plusieurs longues cordes qui descendent du haut des mâts de hune, aux deux côtés du vaisseau, et qui servent à soutenir ces mâts.

Gisole, espèce d'armoire où l'on tient enfermées l'aiguille aimantée, la lumière et l'horloge. On a soin de n'y mettre aucun ferrement, pour ne point diminuer la direction naturelle de l'aiguille.

Grain, vent pluvieux et momentané.

Grappin, espèce de croc qu'on jette avec la main sur un vaisseau ennemi lorsqu'on veut l'accrocher pour aller à l'abordage. Il y en a de diverses sortes. On s'en sert aussi pour amarrer.

Grelin, cordage moindre qu'un câble.

Héler, c'est appeler quelqu'un dans l'éloignement. On *hèle* pour se faire entendre d'un navire qu'on aperçoit.

Hansière, nom de diverses sortes de cordages.

Hauban, nom des gros cordages qui servent à soutenir les mâts.

Hisser, c'est hausser, élever.

Hource, corde qui tient la vergue d'artimon, et qui ne sert jamais que du côté du vent.

Hunier, voile au-dessus de la hune.

Hune, guérite presque au sommet des grands mâts d'un vaisseau, où se poste un matelot pour découvrir de loin.

Jarre, grand vaisseau de terre où l'on conserve l'eau douce.

Interpo'e, navire étranger qui fraude.

Jusant, reflux de la mer ou marée descendante.

Lester un vaisseau, c'est mettre du sable, des pierres et d'autres choses pesantes au fond du vaisseau pour le faire entrer dans l'eau jusqu'à un certain point et le tenir en assiette. Le *lest* se renouvelle une fois tous les deux ans, et se règle sur la manière dont les vaisseaux sont construits. Les uns prennent la moitié de leur charge, d'autres le tiers, d'autres le quart.

Lit de marée, trace d'un courant ou de la marée sur la surface de la mer.

Lof; *aller de lof, tenir le lof*, c'est serrer le vent, aller au plus près du vent.

Lok ou *loke*, ainsi appelé du nom de son inventeur, est un morceau de bois de huit à neuf pouces de long, fait quelquefois comme le fond du vaisseau, qu'on charge d'un peu de plomb, afin qu'il demeure sur l'eau dans l'endroit qu'on le jette.

Louvoyer, c'est aller tantôt à bas-ord, et tantôt à stribord, c'est-à-dire orter le cap d'un côté, et puis revir de l'autre, pour ménager un vent ntraire, et ne pas s'éloigner de la ute qu'on veut tenir.

Marner, se dit pour exprimer le ouvement du flux et du reflux.

Mer mâle, grosse mer.

Mettre à la cape, c'est ne mettre de ile que pour soutenir le bâtiment ns une tempête.

Mettre le cap, c'est présenter la oue vers un point. On donne le nom cap à la proue, ou à l'avant du isseau.

Mettre en panne, c'est disposer les iles de telle manière, qu'il y en ait ur avancer, et d'autres pour reculer, sorte que le bâtiment reste en place; qui se pratique lorsqu'on attend elque chose.

Misaine, nom d'un des mâts du vais-au, qui s'appelle aussi *mât d'avant*, rce qu'il est placé sur l'avant du vaisseau, entre le beaupré et le grand mât. On dit ordinairement *mât de misaine*; on entend la voile de ce mât.

Pélardeaux, pièces de bois, qu'on couvre de poix et de bourre, pour boucher les escabiers, ou les trous que le canon fait dans un vaisseau pendant le combat.

Perroquets, seconds mâts qui arborent sur les hunes du grand mât, et à la misaine, ainsi que sur celles du beaupré.

Pic; *être à pic*, c'est lorsque le câble d'un vaisseau mouillé est, pour ainsi dire, perpendiculaire.

Plain, ou *plein*, commandement d'officier qui serre le vent de trop près, et qu'on fait barbeyer ou friser la voile du côté du *lof* : ainsi, *plein* et *au lof*, sont des commandemens qui ordonnent des manœuvres contraires.

Plat-bord, extrémité du bordage qui règne par en haut autour du pont.

Poupe, l'arrière du bâtiment, qui est ordinairement orné de balcons, de galeries et des armoiries du prince, etc.

Prendre les ris, c'est diminuer une certaine partie d'une voile.

Près, ligne que suit un bâtiment qui tient ou serre le vent le plus qu'il peut.

Proue, partie du navire qui s'avance la première en mer. Les anciens l'appelaient *rostre* ou *bec*.

Bas et *remoux*, bouillonnemens et tourbillons causés par des courans différens, ou par le voisinage des rochers.

Rafale, bouffée de vent subit et violent par reprises.

Ranger la côte, c'est naviguer en côtoyant le rivage.

Ranger le vent, c'est cingler à six quarts, près du rhumb d'où vient le vent.

Rumb ou *rhumb*, nom des lignes qui représentent les trente-deux aires de vents sur la boussole et sur les cartes marines.

Roulis, mouvement d'un bâtiment dans le sens de sa largeur.

Saint-aubinet, nom d'un pont de cordes qui couvre les cuisines et les marchandises.

Sainte-barbe, endroit où l'on garde la poudre et une partie des ustensiles de l'artillerie. Ce nom vient de ce que les canonniers ont pris sainte Barbe pour leur patronne.

Sec; être à sec, n'avoir point de vent.

Stribord, côté droit du vaisseau.

Taillemer, partie de l'avant qui coupe l'eau.

Tangage, mouvement du bâtiment dans le sens de sa longueur, ou de l'avant à l'arrière.

Tillac, étage d'un navire sur lequel la batterie est posée.

Tirant; c'est la quantité d'eau que tire un navire, c'est-à-dire, dont il a besoin pour être mis à flot.

Variation, déclinaison de l'aiguille aimantée.

Vent arrière, *vent en poupe*; c'est le plus favorable.

Vergue, pièce de bois plus grosse par le milieu que par les deux bouts, qui, posée en travers sur un mât, sert à porter la voile. Chaque mât a sa vergue.

Virer de bord, tourner le vaisseau pour changer de route.

Yole, petit canot léger.

FIN.